ロンドンのホテルマンの制服
London Hotel Uniforms

横山明美

はじめに

ロンドンには、王室とゆかりの深い伝統的なホテルから、モダンでスタイリッシュなものまで、さまざまなホテルがあります。

そのなかでも高級ホテルにとってイメージ作りはとても大切で、風格を重んじる場にマッチする制服は重要なコンポーネントのひとつです。

格式高い制服姿のドアマン、テイルスーツ姿のコンシアージュ、100年以上も替わらない伝統的な制服で使い走りをするページボーイ、絵に描いたようなメイド姿のハウスキーパーがゲストのお世話をするクラシックなホテルがある一方で、特定のコンセプトに基づいたデザイン性の高い制服で、ファッショナブルな雰囲気を全面に出すホテルもあります。

今回取材をして、制服の種類の多さに驚きましたが、本書で紹介しているのは各ホテルの制服のごく一部にすぎま

せん。とある大型ホテルには制服部があり、レールに何百点もの制服を保管、定期的なクリーニングからお直しまで、制服の管理を一手に行っていたのが印象に残っています。デザインが同じでも、役割や地位によりウエストコートやスカーフの色が異なるとか、ホテルによっては季節により制服が替わるところもありました。また、メイドの制服が日中と夜のシフトで色が替わるホテルもありましたから、制服の種類が多いのも納得できます。

　本書では制服のほかに、ホテルの興味深い歴史や逸話などを紹介しています。また、最近の高級ホテルで人気のあるバトラー（執事）・サービスにちなみ、執事の養成学校への取材も行いました。本書を通じて読者のみなさんにも、ロンドンのホテルの制服に魅力を感じていただければ幸いです。

2011年9月吉日　横山明美

Contents

- 006 **The Ritz**
  ザ・リッツ
- 034 **The Savoy**
  ザ・サヴォイ
- 050 **The Goring**
  ザ・ゴーリング
- 068 **Grosvenor House**
  グロブナー・ハウス
- 082 **InterContinental London Park Lane**
  インターコンチネンタル・ロンドン・パークレーン
- 100 **The Landmark**
  ザ・ランドマーク
- 114 **The Athenaeum**
  ジ・アセネウム
- 124 **Lancaster London**
  ランカスター・ロンドン
- 134 **Mandarin Oriental Hyde Park**
  マンダリン・オリエンタル・ハイド・パーク
- 135 **Jumeirah Carlton Tower**
  ジュメイラ・カールトン・タワー

Columns

- 028 一流の執事を養成するバトラー・スクール
- 064 ロイヤル・ウエディングゆかりのホテル
- 067 コンシアージュの仕事
- 136 ロンドンの一流ホテルはココ！
- 138 ホテルでの英会話
- 142 本書で紹介したホテル情報

The Ritz
※ ザ・リッツ

ホテル王、セザール・リッツが建てた、
贅沢な夢を惜しみなく与える本物の高級ホテル。
伝統的なページボーイの制服は100年以上も続いています。

Doorman
ドアマン

ゲストの車が乗り入れるアーリントン・ストリート側の玄関で。

玄関マットにも
ホテルの名前が燦然と輝きます。

冬期はこの制服の上にオーバーコートを着ます。

唯一の英国王室御用達ホテル

　ザ・リッツは2002年に、ホテルとして初めてチャールズ皇太子からバンケティング（宴会）とケータリング・サービスにおいて御用達指名を受けた、名実ともに超一流ホテルです。

　ドアマンは金色でアクセントを施した黒の三つ揃えを着ます。上襟に金色の縁取りが入ったロング・ジャケットは、袖口の２本線が海軍の階級章のよう。金色のラインが入ったズボン、トップハットには大きなバックルがついた金色の帯布と、黒に金色のアクセントが華やかです。リッツ・タイと呼ばれる月桂樹のようなモチーフとホテルのロゴが斜めに交互に入ったネクタイがあり、ドアマンは黒地に金色のタイを締めます。

紺色とシルバーが基調のシニア・ラゲージ・ポーターと、黒に金色のドアマン。

袖のラインが海軍の制服のよう。

大きなバックルが目立つ金色の帯布。

ドアマンは、黒地に金色の
リッツ・タイ。

ユニオンジャックにブラックキャブが、いかにもロンドンらしい。

タクシーで到着するゲストの
ドアを開けるドアマン。

一部のスタッフが特定の日に
生花のコサージュをつけます。

生花のコサージュでゲストを迎える

　フレンチ・テイスト溢れるルイ16世様式*のインテリアと調度品に、まるでフランスのお城のような外観。パリに「リッツ・パリ」をオープンして8年後の1906年に、同じ建築家チームを起用したホテル王セザール・リッツが、ロンドンのピカデリー通りに「ザ・リッツ」をオープンしました。当時、若い未婚女性がシャペロンと呼ばれるお目付役係の年上の女性の同伴を伴わずに入れる、唯一のホテルとして話題になったそうです。

　ホテルには特定の日に生花のコサージュをつける伝統があります。撮影時はチェルシー・フラワーショーが開催中だったため、白のバラを胸に挿していました。

*18世紀後半フランスのルイ16世時代のシンメトリーなモチーフが用いられている建築、装飾様式。

Porter
ポーター

ホテルの外でゲストの荷物を運ぶ、シニア・ラゲージ・ポーター。ラゲージ・ポーターの中でも地位が上です。

品の良い紺色、グレーと銀色の
コーディネーション。

ポーターは地位に関わらず、同じ制服を着ます。

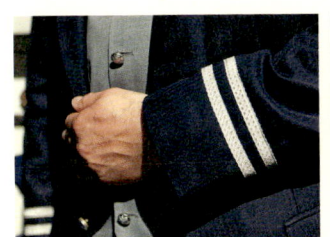

袖のラインは、よく見ると
奇麗な装飾が入ったリボン。

真っ白な手袋とモール紐の肩章。
ホテルではこの飾りをエポーレットと呼んでいるそうです。

🎗 伝統に守られたデザインの制服 🎗

　ザ・リッツのポーターは、ラゲージ・ポーター（Luggage Porter）と呼ばれます。上襟に銀の縁取りと袖口に2本のラインが入った濃紺のジャケットに同色のズボン、薄いグレーに銀ボタンのウエストコート（ベスト）を着ています。ネクタイはドアマンと同じリッツ・タイですが、色は紺地に金色です。

　ほかのホテルの制服と比べてザ・リッツが群を抜いているのは、長い歴史を経て守られてきた伝統のデザインでしょう。軍隊の肩章のような、分厚いモール紐の飾りに差し込んだ純白の手袋は、他に類を見ません。現在、手袋は飾りだけのもので、実際には使用していません。

Page Boy
ページボーイ

ドアの向こうにはルイ16世様式のロング・ギャラリー（レストランに続くオープンスペース）があり、レストランとバーに繋がっています。

昔はゲストサービスに使用していましたが、今は飾りの手袋。

横に銀色のラインが入ったズボンは、シルエットが美しく見えます。

小さな薬箱（ピル・ボックス）のような形をしているのでピル・ボックス・ハット（Pill Box Hat）と呼ばれ、正面にホテル名が刺繍されています。

この制服は一見の価値あり

　ページボーイの役目は、ロビーとロング・ギャラリーを結ぶドアをゲストのために開け閉めすること。また、宿泊客の買い物を近所でコレクトしたり、客室に新聞を届けたりと使い走りをすることもあります。

　創業以来100年以上もの長い間、何度もオーナーは代わりましたが、ページボーイの制服は昔のまま。マンダリンカラーという浅い帯状の立襟に銀色の縁取りが入った濃紺のジャケットは、ウエスト丈の短いものです。襟と同色の肩飾りには白い手袋が差し込んであります。ウエストが細身なので、腰回りがふっくらしたズボンのシルエットが明確に出るのが特徴です。

Concierge
コンシアージュ

副ホールポーター長（Deputy Head Hall Porter）は、コンシアージュのナンバー2。ネクタイは紺地に金のリッツ・タイ。

ロビーの頭上は円形の吹き抜け、
豪華な絨毯も丸い。

仕事に必要不可欠で、大切な情報が記録されているノートブック。

袖口の装飾は、
まるで英国海軍のようです（左）。
手袋を差し込む
肩のモール紐が重々しい（右）。

名前は違えど仕事はコンシアージュ

　本書で取り上げたホテルの中で、唯一コンシアージュをその名ではなく、ホールポーター（Hall Porter）と呼ぶザ・リッツ。でも、業務内容はコンシアージュ＊とまったく同じです。制服は濃紺のロング・ジャケットに同色のズボンと、薄いグレーのウエストコート。ジャケットの上襟には銀色の縁取り、袖口の3本線のひとつにはループがついており、英国海軍中佐の階級章を彷彿とさせます。

　ネクタイと肩飾りはポーターと同じで、肩には銀色のモール紐に白い手袋。優れたコンシアージュの証明、英国ゴールデン・キー協会（P67）のバッジが襟元に輝き、胸元の白いバラがなんともロマンチックです。

＊日本での呼び方はコンシェルジュですが、英国ではコンシアージュと呼びます。

Lobby Manager
ロビー・マネージャー

語学堪能でVIPもお世話するロビーのお目付役。いつもパーフェクトな状態でゲストを迎えます。

ロビーを挟み、コンシアージュと反対側にデスクがあります。

ホテル内にはデザインの違う
シャンデリアが数えきれないほど。

ロビーからロング・ギャラリーまで、
インテリアはルイ16世様式で統一。

ロビーの様子をつねにチェック

　ロビー・マネージャーは宿泊客だけではなく、ホテルでレストランやバーを利用するゲストが、ロビーでスタッフの心のこもった挨拶ともてなしを受けているかどうかをチェックし、ロビーがつねに清潔で警備が行き届いていることを確認するのが仕事です。またVIPゲストのお世話をするのもロビー・マネージャーです。制服は、濃紺のテイルコート（燕尾服）にピンストライプのズボン、濃紺のウエストコート。紺地に金の柄のリッツ・タイをしています。写真のロビー・マネージャーは、日本語が堪能でした。世界中の要人が集まるホテルなので、このポジションは語学に堪能でなければ勤まらないでしょう。

Bar Staff
バー・スタッフ

マネージャーのコサージュは、クリスマスには赤いバラにモチノキの葉などイベントにより替わります。

数々のオリジナル・カクテルがここで生まれました。

アシスタント・マネージャーは、
紺地に金のリッツ・タイ。

襟元の
リッツ・バッジが
光ります。

バーのウェイターは同じ制服ですが、
ネクタイは黒字に紺のロゴ。

アールデコに白いジャケット

　金箔で覆われた天井のドームからラリック風のシャンデリアが下がる華麗なアールデコ*調のインテリア。ヒョウ柄のアームチェアとモヘア調生地のソファがフロアを埋め尽くす「ザ・リヴォリ・バー（The Rivoli Bar）」は、圧倒される華やかさです。創業から1972年まで、ピカデリー通りに面したホテルの一面がすべてリヴォリ・バーだったそうですが、のちにショッピング・アーケードに改装。2001年にその一部がバーに復元されました。昼間は全員白いダブルのジャケットに黒のズボンですが、夜になるとマネージャーだけは黒のジャケットとボウタイ（蝶ネクタイ）に衣装替えします。

＊1920〜1930年代に流行した、幾何学的な線やすっきりしたデザインパターンを用いた装飾様式。

Restaurant Staff [Palm Court]
レストラン・スタッフ［パルムコート］

白い壁に溶け込むような、白のジャケットがロマンチックなウェイターの制服。

アシスタント・マネージャーは、特定の日に生花のコサージュをつけます。

チャップリンも、ここで
アフタヌーン・ティーを楽しんだとか。

誇りを持って身に着ける、
創業100周年記念のバッジ。

象牙色に金色の装飾が
気品たっぷりのインテリア。

季節で替わる制服

　ホテルの正面玄関からロビーを通り、建物の反対側にあるリッツ・レストランに突き当たるまでの長いオープンスペースをロング・ギャラリーといいます。その片側にあるのが有名なアフタヌーン・ティーを出す「パルムコート」です。

　ウェイターの制服は季節によって替わることで知られており、夏は白のジャケットに襟がウィングカラーのシャツ、黒のボウタイとズボン。冬は黒のテイルスーツに赤のウエストコート、ウィングカラーのシャツにボウタイです。マネージャーは通年、黒のテイルコートにピンストライプのズボン、黒のウエストコートに黒地のリッツ・タイ姿です。

Restaurant Staff ［The Ritz Restaurant］
レストラン・スタッフ［ザ・リッツ・レストラン］

マネージャーの制服はパルムコートと同じですが、ネクタイは濃紺のリッツ・タイ。写真はアシスタント・マネージャーです。

コサージュは、イベントによって
色と種類が替わります。

ロング・ギャラリーからアプローチするレストランの入口。
高い天井に、このインテリアはまるでお城のよう。

ロビーから眺める
ロング・ギャラリーとレストラン。

🍃 グリーンパークを眺めながら昼食を 🍃

　世界でもっとも美しいホテル・レストランと賞賛されることの多い「ザ・リッツ・レストラン」。床から天井までの大きな窓にはゴージャスなドレープ・カーテン、淡色の大理石と壁に組み込まれた鏡はシャンデリアに反射して光を放ちます。クリスマスにはデコレーションで一段と華やかになるのも楽しみのひとつ。窓からはホテルのイタリアン・ガーデンとグリーンパークが一望できます。マネージャーの制服は黒のテイルコートにピンストライプのズボン、黒のウエストコートにリッツ・タイ。ウェイターは黒のテイルスーツに赤いウエストコート、黒のボウタイですが、夜は黒のネクタイに替わります。

Private Dining Staff
プライベート・ダイニング・スタッフ

室料だけで数千ポンドの絢爛豪華なプライベート・ダイニングのウェイター。

紫に金色が映える、
花びらをモチーフにした
カーテン・ホルダー。

ウィリアム・ケント・ルームの
天井は、目映いほど華やか。

少年のような初々しさを放つウェイター。

燦然たる赤のダイニング。

着席は30名強、立食であれば
120名までの個室が大小6つあります。

別館でプライベート・パーティーを

　バンケティングとケータリング・サービスで王室御用達指名を受けるザ・リッツには、豪華な宴会場があります。ホテルに隣接する18世紀の元個人宅、ウィリアム・ケント・ハウスを現オーナーが購入、2006年にザ・リッツのプライベート・ダイニングとしてオープンしました。中にはそれぞれ個性的に演出された6つの個室があり、入口は本館と繋がっています。特にウィリアム・ケント・ルームは、煌びやかな天井細工と真紅のインテリアで群を抜く迫力。黒のテイルスーツにウィングカラーのシャツ、そして黒のボウタイに身を包むウェイターが、絵画の一部のように見える美しい空間です。

Butlers Services
バトラー・サービス

ウィリアム・ケント・ハウスの階段に勢揃い。仕事には経験と同じくらいパーソナリティーが重要だとか。

The Ritz

バトラーのミッションは、ゲストの滞在の満足度を高めることです。

欲しいときに欲しいものを
サービスしてくれます。

日本ではまずあり得ないバトラーのいる生活が、
ザ・リッツでは味わえます。

貴族になった気分でバトラーを使う

　最近、ロンドンの高級ホテルでバトラー（執事）・サービスを提供するところが多くなりました。需要に合わせた、きめ細かいサービスを求めるゲストが増えたということでしょう。客室で仕事の会議や会食をするならその準備とセッティング、スーツケースのパッキング、アイロンがけ、旅行の手配、レストランの予約などはもちろん、見逃しそうなテニスの試合の録画まで、自宅でパーソナル・アシスタントを使うような便利さに人気があります。黒のテイルコート、薄いグレーのウエストコート、ウィングカラーのシャツに黒のネクタイ、ピンストライプのズボンを身に着けたバトラーは、立ち居振る舞いも見事です。

All images on page 26-27 ©The Ritz

一流の執事を養成するバトラー・スクール

オックスフォードからほど近い、
森に囲まれた18世紀のマナーハウスに執事の養成学校があります。
数多くの王室メンバーや諸外国の大統領、
首相にお仕えしたことがあるという超一流の執事、
リック・フィンク氏が創立しました。
卒業生は世界中の王室、貴族、富豪邸宅、
執事サービスを提供する一流ホテルなどで活躍しています。

銀食器を磨くのも執事の仕事。普段使わないものも定期的に磨き、突然の来客に備えます。

お茶の注ぎ方や、ゲストに話しかけるときの言葉遣いと立ち居振る舞いの指導を受ける生徒。

執事の役割

　執事は英語でバトラーといいます。ご主人の代わりに、屋敷内を切り盛りする究極のパーソナル・アシスタントです。屋敷への出入り業者とのやり取りや交渉ごと、スタッフの雇用と仕事のローテーション、ご主人と家族のスケジュール管理や旅行手配、そしてディナー・パーティーやランチのコーディネートをすべて行います。

　執事のもとで働く屋敷のスタッフはコックとそのアシスタント、屋敷の掃除やベッドメイキングの責任者ハウスキーパーと、その下のメイドたちです。

　大きな屋敷や宮殿には、執事の仕事を手助けするアンダーバトラーとフットマンがいます。両方とも同じランクの職種ですが、伝統的にはアンダーバトラーが執事のアシスタントで、食事のサービングや食器類のメインテンスを行うのに対し、フットマンは小間使い的なご主人のお世話がおもで、昔は馬車の伴走、乗り降りの手助けや旅行先での世話係をしていました。

　小さな屋敷でこのようなアシスタントがいない場合、執事は仕事をすべてひとりでこなさなければなりません。ご主人の洋服や靴の管理など日々のお世話も執事の仕事で、コックが休暇中や病欠の場合は料理もこなします。じつはアフタヌーン・ティーは伝統的に執事が作るものだそうです。

　また庭師など、屋外で働くスタッフは通常執事の管理下ではありませんが、ご主人に代わり、彼らと日常的にコミュニケーションを取り、良い関係を保つことも求められます。英国で執事の仕事をするためには最低5年間の下積み経験が必要だといわれるほど、知識と経験がものをいう職業なのです。

　バトラー・スクールの先生のひとり、コリン氏曰く、良い執事の条件は①忠誠心、②献身、③配慮、④知識と経験、⑤プロ意識なのだそう。マルチ・タスクで博識、臨機応変、どんな状況下においても完璧に対応できる、スーパーマンのような存在でなければならないのです。

テイルスーツ姿で正装の
フィンク校長。
©Rick Fink

先生のレクチャーに聞き入る生徒たち。

完璧なクイーンズ・イングリッシュで話すコリン先生。
歩き方も颯爽としています。

バトラー・スクールの校長先生

　幼い頃から、屋敷で美しい絵画や銅像に囲まれて仕事ができる執事に憧れていたフィンク氏。若くして海軍に入隊したあと、そこで洋服の扱い方など十分な基本トレーニングを受け、海軍大将の近侍に抜擢されました。当時、エリザベス女王と結婚したばかりのエディンバラ公、船上パーティーやディナーの招待客として乗船したデンマークやノルウェーの国王、オランダの女王など、ヨーロッパの王室や上流社会の人々のもとでバトラーとして執務していたのだとか。

　その後、ふたつの大きな屋敷で執事を務めましたが、過去20余年はフリーランスの執事として活躍。エリザベス女王、チャールズ皇太子とダイアナ妃のお世話もしたことがあるそうです。

　周囲の人たちに、「君の知識と経験を次世代の執事に伝承するために、学校を設立するべきだ」と勧められたことがきっかけで、2002年に「Rick Fink Butler - Valet School（リック・フィンク執事近侍学校）」を設立し、校長に就任しました。

まずはサンドウィッチの
作り方から。

スコーンにはバター、
ジャム、クリームの順で。

ひと口サイズのペニー（コイン）・
サンドウィッチ。

授業内容と学校内の生活

　このバトラー・スクールは、学校とはいっても常時生徒がいるわけではありません。授業は10日間と4週間（プログラムのサンプルはP32）のコースから選べるようになっており、年に数回募集があります。

　授業は、フィンク氏が以前勤務していた屋敷で行われています。学校は、以前は個人の屋敷でしたが、現在は所有者が設立した財団の施設として利用しており、その施設を借りて授業を行っています。現在この施設は、2週間ごとに世界各国の政治家や要人が利用し、執事としてのトレーニングを同じ場所で受けている生徒が実習として、その要人たちのお世話をしています。

　バトラー・スクールの生徒たちは屋敷内の一室で勉強し、教師陣はフィンク氏を含む現役執事数名のほか、ワイン専門家や王室で仕事をした経験のあるシェフなどです。既存コースのほかに、需要に応じてテイラーメードのコース（生徒の希望に合わせて内容を組む）も行うそうです。

●Rick Fink Butler–Valet School　http://www.butler-valetschool.co.uk

プログラム （4週間コースのサンプル）

1週目　イントロダクション

- 執事の装いと振る舞い、ご主人とゲストに対する接し方、挨拶の仕方
- ハウスキーパーとほかのスタッフの仕事について学び、執事の役割を学ぶ
- クリスタル、銀食器、陶磁器を保管するパントリー（食器室）の役割と管理の仕方
- 食事を部屋に運ぶ際のトレーのセッティング
- ダイニングルームでの食事の準備の仕方、職務中の振る舞い方

2週目　料理とワイン

*ワインの管理、シェフの休暇中やご主人の旅行に同行する際に料理をするのも執事の役割です。

- ワインとポートワイン、葉巻の出し方、ワインと食べ物のマッチング
- ワインセラーの管理方法
- 高級食材の盛りつけ方
- 肉のスライスの仕方、スモークサーモンの切り方
- 調理実習
- 買い物の仕方、なにを買う必要があるか、どのブランドが良いか
- 宮殿に仕える執事の仕事内容

3週目　ご主人のお世話の仕方

- 洋服のケア（制服、スーツ、ネクタイなど種類別に）
- アイロンの仕方
- シミの取り方
- 洋服の掛け方
- スーツケースのパッキングの仕方

4週目　仕事探し

- 執事の職業斡旋業者による模擬面接
- 履歴書の書き方
- 屋敷のゲストのお世話実習
- 評価のあと卒業式、卒業証書授与

執事が伝授する
銀製品のクリーニング&靴の磨き方

「執事のポリッシュ（磨き）ほど優れたものはない」といわれるのに、実際にどうやって磨いているのか誰も知らない、執事の秘密のテクニック。秘伝をお教えします！

1

2

3

銀製品のクリーニング

❶ 指でポリッシュを念入りに擦り込むのがコツ。シルバー・ポリッシュは液体のものを使うと仕上がりが長持ちする。特に「Goddard's」というブランドは、乾きが早いので使いやすい。

❷ ポリッシュが乾いたら布で全体を拭き取り、ブラシで磨く。細かいところには歯ブラシを使う。

❸ 仕上げに、車を磨くときに使うシャミーレザー（本物の皮ではない）で艶を出す。

靴の磨き方

❶ 靴磨きに必要なものは水、ロウソク、靴磨き粉と布。靴が泥で汚れている場合は冷たい水とブラシで洗い落とし、綺麗になったら乾く前に磨き始めること。少し水を含ませた布に靴磨き粉をつけて、靴のつま先から念入りに小さな円を描くように擦り込む。

❷ 靴に擦り込んだ部分をロウソクの火の上にかざし（5cmほど離す）、靴磨き粉を温めて溶かす。靴を焼かないように注意。最低4回は作業を繰り返す。靴全体を完了するには1足で約20分かかる。

❸ コツは、サーキュラー・モーション（指先で円を描くように磨くこと）。ロウソクで溶かした靴磨き粉を擦り込む人がいるが、それでは光沢が十分に出ない。

1

2

3

The Savoy
❈ ザ・サヴォイ

ロンドンの高級ホテルのなかでも一段格の高い老舗中の老舗。
オープン以来、英国の名士、ハリウッド俳優、
世界中の有名人たちに愛されてきました。

Doorman
ドアマン

袖口のボタンには
模様が入っています。

ホテルの外観によく似合う制服、襟元が特に魅力的。

これぞ本物のシルクハット。艶が違います。

🌿 ロンドン初の高級ホテル 🌿

　街灯がまだガスだった時代に初めて電気で部屋を灯し、大部分の客室にトイレと浴室を備えるなど画期的な試みで1889年に創立されたザ・サヴォイは、当時、世界中で一躍話題のホテルになりました。まだ電話も一般的ではなかった時代ですが、全客室に「音声チューブ」と呼ばれる糸電話のようなシステムを取りつけて、ゲストがメイドやポーターを呼べるようになっていたそうです。

　2007年に大改装のためいったん閉鎖されましたが、2億2千ポンド（約300億円）と3年の歳月をかけて2010年に再オープン。新生サヴォイに注目が集まり、老舗の風格を損なうことなく見事によみがえりました。

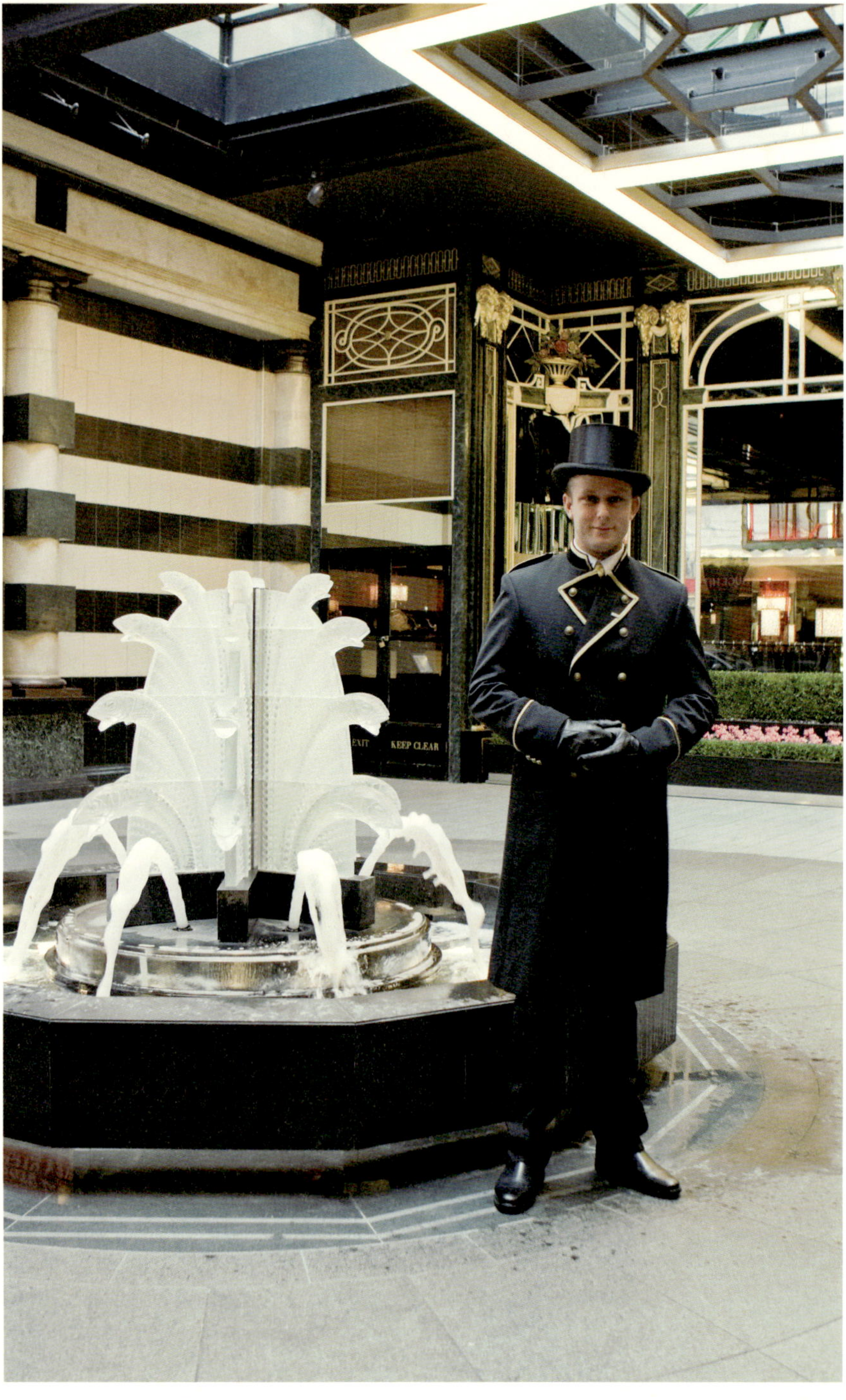
EXIT
KEEP CLEAR

金が映える織りのネクタイ。
襟元の縁取りも手が込んでいます。

ゲストをつねに笑顔で迎えるドアマン。

金ボタンがポイントの
オーバーコートのうしろ姿。

ホテル前の通りは、噴水を中心に左回りの右側通行。

アールデコ風の外観にマッチする制服

　ホテルの入口は、メインストリートから少し奥まったところにあります。実はこの短い通りはサヴォイ・コートという名前で、英国で唯一、右側運転なのです。その昔、運転手付きの車や馬車でホテルを訪れる裕福なゲストは、たいてい運転手のうしろに座っていたそうで、到着時に車の右側が入口に面しているとドアマンがすぐドアを開けてゲストを降ろせたからだという説があります。

　正面玄関は創立当時の流行だったエドワーディアン*とアールデコをテーマにした漆黒と金色でまとめ、ドアマンのオーバーコートも金の縁取りでカラーマッチング。夏は、黒のテイルコートに金のネクタイです。

＊アールデコの初期に似ているといわれるが、これに機能美も備えた建築、装飾様式。

Porter
ポーター

ドアマンと一緒に、正面玄関の外のエレベーター前でポーズをとるベルボーイ。

学生服のような襟元。
白い付け襟をボタンで
留めています。

袖のボタンは胸元と同じで、
模様がありません。

よく見ると、薄い縦縞になっているジャケット。

金色のボタンと
お揃いのチーフが
ワンポイント。

🦢 エレベーターは「上昇する部屋」 🦢

　立襟のジャケット・スーツに金ボタンという装いのポーターは、ザ・サヴォイではベルボーイ（Bellboy）と呼ばれています。

　重々しい鉄のドアは、ゲストの荷物を運ぶエレベーターで、正面玄関の外にあります。外のエレベーターを使う利点は、ロビーを通らずに客室まで荷物を運ぶためで、ほかのゲストの邪魔にならないからだとか。ザ・サヴォイはオープンした当時、電動式エレベーターを導入した初めてのホテルだったそうで、上昇する部屋（Ascending Room）として話題を呼びました。赤い内装の創立当時のエレベーターは今でもホテル内にあり、立派に稼働しています。

Concierge
コンシアージュ

白黒の大理石を敷き詰めたフロアがドラマチックな、正面玄関側でポーズ。

ホテルの威厳を守るため、ゲストの要望には慎重に応えます。

マホガニーの壁に
映える調度品（左）。
PCは重要な
情報源（右）。

高級感溢れるコンシアージュ・デスク

　ホテルの中に一歩足を踏み入れてまず目に入るのが、コンシアージュ・デスク。一般のホテルと異なり、クラシックで重厚な木製デスクに複数のコンシアージュが腰掛けてゲスト対応しており、背景にあるマホガニーのパネルがさらに伝統を感じさせます。

　エレガントなコンシアージュの制服はジャケット、ウエストコートにズボンの三つ揃えと金色の織りのネクタイ。ベルボーイ同様に生地は基本的に黒ですが、よく見ると縦縞になっています。ちなみに、客室にはわずかな追加料金で小さなペットも泊まることができ、犬のお散歩もコンシアージュが手配してくれるそうです。

041

Receptionist
レセプショニスト

何万人もの中から選ばれたスタッフだけに、仕事への情熱がゲストにも伝わります。

ストライプのジャケットに、
鮮やかな青緑色のスカーフが映えます。

多くの歴史が刻まれたザ・サヴォイは、この業界の憧れの職場です。
過去の有名ゲストが記入した宿泊カードの一部は、
ホテル内の博物館で見られます。

裾がフレアになったスカートは、
機能的かつ魅力的。

スカーフとお揃いのポケットチーフ。

ザ・サヴォイに勤務することは誇り

　2007年に大改装で一時閉鎖されたとき、650人のスタッフのうち雇用を保証されたのはごく一部。3年後の再オープンのときは600人あまりの募集に対し、なんと2万8千人もの応募があったとか。そんなザ・サヴォイのレセプションの制服は、ストライプのジャケットとスカートに、立襟のシャツ。スカーフがアクセントになっています。

　ヴィヴィアン・リーとローレンス・オリヴィエが初めて出会った場所であり、結婚前のエリザベス女王とエディンバラ公もここのパーティーが初めて2人での公の場。マリリン・モンローやビートルズなど数えきれない有名人がザ・サヴォイを利用したのです。

Waiter [Restaurant]
ウェイター［レストラン］

オープン前にテーブル・セッティングをするウェイター。

テムズ川に面したリバー・レストラン

　黒と金のインテリアにマッチした、同系色のウェイターの制服。細いストライプが入ったウエストコートとズボン、心持ち大きめの襟とダブルカフスの袖がエレガントです。

　ホテル内にはレストランが2軒あり、写真はテムズ川の風景を楽しめるフランス料理の「リバー・レストラン（River Restaurant）」。もう1軒は、ミシュランの3つ星を持つゴードン・ラムジーの経営傘下で英国料理の「サヴォイ・グリル（Savoy Grill）」。

　テムズ川には今でもサヴォイ・ピアという桟橋があり、昔は船で到着したゲストが川側のホテルの裏玄関から入れるようになっていたそうです。

Bar Staff
バー・スタッフ

バーテンダーの
象牙色のジャケットにも、
うっすらとストライプが入っています。

バックグラウンドに溶け込むような
ウェイトレスのスーツ。

グランドピアノの前でゲストを迎えるロマンスグレーのホスト。

数々のエピソードが生まれたバー

　アメリカの有名ジャズ・ミュージシャンが数多く演奏し、1930年には、今も増刷が続くレシピ本『サヴォイ・カクテル・ブック』を生んだ「アメリカン・バー（American Bar)」。「ホワイト・レディー」など、誰でも知っているカクテルがいくつもここで誕生しています。フランク・シナトラも演奏したことがあるというこのバーには、毎夜アメリカン・ジャズのピアノ生演奏に酔いしれるゲストが集います。ここでのバーテンダーとウェイトレスの制服は、アールデコ調インテリアにマッチした象牙色の装い。「ホスト」と呼ばれるゲスト係だけは、シックの黒のスーツに白のネクタイとポケットチーフです。

Shop Assistant [Tea Shop]
ショップ・アシスタント［ティー・ショップ］

エキゾチックな店構え。

スカーフは、
レセプションと色違いです。

🌿 サヴォイ・ティーでホテルのお土産を 🌿

『ハリー・ポッター』のダイアゴン横町の店を連想させるような、古めかしい造りのティー・ショップがあります。20世紀初めの英国のショッピング・アーケードにインスピレーションを得たという「サヴォイ・ティー（Savoy Tea）」です。中国古典風の壁紙が独特な雰囲気を醸し出します。ホテルのオリジナル・ティーやティー・セットのほかに手作りジャム、ケーキ、チョコレートなども販売。ときにはパティシエがチョコレートやケーキ作りの実演をすることも。スタッフの制服はレセプショニストと似ていますが、スカーフが色違いで、ジャケットの代わりにウエストコートとタイトスカートを着ています。

Florist
フローリスト

大量の花を扱う仕事のため、機能的なゆったりとしたデザイン。

ホテルを花で飾る

　光沢のあるシルバーと黒のストライプが斬新な、シャツ・スーツ姿のフローリスト。ホテル中の花をアレンジするために動き回るわけですから、体を締めつけない動きやすいデザインになっています。

　ホテルには、インテリアが同じ客室はひとつもないそうで、チャーリー・チャップリン、フランク・シナトラ、オペラ歌手のマリア・カラスなど、過去の有名常連客の名前がついたスイートルームがいくつかあります。その中のひとつ、マレーネ・デートリッヒという部屋には、彼女がいつもリクエストしたというピンクのバラをゲストの到着前に12本飾るそうです。

ザ・サヴォイの優美高妙によみがえったインテリア

壁や天井のデコレーションは完全にオリジナルを復元し、新しいデザインも取り入れたロビー。

正面玄関入口の回転ドア。

到着して最初に目に入るホテルのサイン。

　大改装に備えて、2007年12月にロンドンのオークション・ハウス、ボナムでザ・サヴォイの家具、備品、カーテン、食器など約3000点が売却され話題になりました。マリリン・モンローが会見のときに腰掛けた椅子、フランク・シナトラが弾いた白いグランドピアノなど、映画ファンでなくともびっくりするような品々がオークションにかけられるというので世界中からバイヤーが集まりました。

　昔のイメージが失われてしまうのではないかと懸念されましたが、3年後、魅力を倍増して見事によみがえりました。アフタヌーン・ティーを楽しめる「テムズ・ホワイエ（Themes Foyer）」の天窓を仰ぐようにそそり立つガゼボ*は一見の価値あり。

＊西洋風あずまやのこと。本来は、庭など屋外に設置します。

The Savoy

神秘的なシャンデリア。

ロビーに通じる「エドワーディアン・コリドー」。

古めかしい壁紙と絵画に、斬新な白黒のフロア。

グランドピアノが似合う「テムズ・ホワイエ」のガゼボ。

アフタヌーン・ティーは「テムズ・ホワイエ」で。

The Goring
※ ザ・ゴーリング

ロンドンで唯一、家族経営の5つ星ホテル。
バッキンガム宮殿に近いので王室の利用も多く、
「宮殿の裏台所」と呼ばれるゆえんです。

Doorman
ドアマン

ホテルの100周年記念を祝う、黄色いネクタイとポケットチーフ。

ゲストの過半数が常連。
ドアマンとも会話が弾みます。

ウエストコートの胸には、
ホテルロゴの刺繍。

≫ 創立100年以上の家族経営ホテル ≪

　1910年に、初代社長ゴーリング氏がバッキンガム宮殿に隣接した土地を購入して、世界初の全客室トイレと浴室付き、セントラルヒーティング付きの高級ホテルとしてオープン。部屋数71室のこぢんまりとしたホテルなので、細部まで気配りが行き届くサービスで定評があり、宿泊客の6割が常連というのも頷けます。古くは、エリザベス女王の戴冠式に招待された海外王室メンバーが宿泊。最近ではウィリアム王子との結婚式前日に、キャサリンさんが家族と宿泊と、昔から英国王室との関わりが深いことでも知られています。2005年にジェレミー・ゴーリング氏が4代目社長になりました。

固く加工したフェルト製の帽子、ボーラー・ハット。　　　まるで自宅でゲストを迎えるかのような穏やかな雰囲気。

〜 ホテルの顔は勤続45年のドアマン 〜

　スタッフとゲスト間の気軽な会話や笑い声が絶えないザ・ゴーリング。勤続45年のドアマン、ピーターさんにとって、ゲストは家族のようなものです。それを象徴するようなエピソードが。常連客のひとりがホテルに手袋を置き忘れ、郵送しようとしましたが引っ越し先の住所が不明で断念。何年か後に久々にその常連客がチェックインし、客室に置かれていたピーターさんのメッセージと手袋を見つけて大感激したそうです。制服は、白黒のグレンチェックに青線の入ったウエストコートとストライプのズボン。冬は黒のオーバーコートを着用します。黄色いネクタイ、ポケットチーフとスカーフが映えます。

ドアを開ける姿がとても上品なベテラン・ドアマンの風格。素敵なロマンスグレーです。

Porter
ポーター

立襟のシンプルなジャケットに、ずらりと並んだボタンがおしゃれ。常連だったエリザベス女王の母親の銅像と。

The Goring

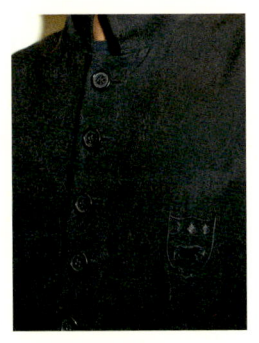

ポーターの左胸にも
ホテルのロゴの刺繍が。

ジャケットには、ボタンが9個もついています。

まるでパブリック・スクールの
制服のようなズボン。

🌿 常連客に愛される秘訣 🌿

　黒の立襟ジャケット、グレー地にストライプの入ったズボンと、スタイリッシュなポーター。大型ホテルの場合、ゲスト数が多いので荷物を運ぶだけで大忙しですが、ザ・ゴーリングはこぢんまりとしたホテルだからでしょうか、ロビーの一角にさり気なく待機して、ほかのスタッフとうまく連携しながらゲストのニーズに応えているという印象を受けます。

　100年以上も同じ一族が経営するアットホームなホテルのため、スタッフも格別居心地がいいのでしょう。ひとつ屋根の下で仲良く一緒に働く、家族のような暖かいムードが常連客を増やす秘訣のようです。

Concierge
コンシアージュ

長めのジャケットがクラシックな印象を与えます。ラウンジの入口で。

The Goring

コンシアージュ・デスクのうしろには、古めかしいキー・ボックスが。

羊はホテルのマスコット、至る所でお目にかかれます。

英国ゴールデン・キー協会 (P67) のバッジは、経験豊富なコンシアージュの証。

ジャケットのうしろには、ボタンが2個ついています。

世界一のコンシアージュ

「ゲストが外出先で最大限に楽しめるよう、お手伝いすることが仕事です」というのは、ヘッド・コンシアージュのジョンさん。2010年には『ラグジュアリー・トラベル・アドバイザー』という旅行業界誌で、見事「Top Concierge Worldwide（世界一のコンシアージュ）」という賞を獲得しました。制服はベルベットの上襟がポイントのクラシックなデザインのジャケットに、ベージュ色のウエストコートと縦縞のズボン。じつはこのジャケット、裏地が鮮やかなブルーです。以前は青いネクタイでしたが、2010年にホテル創立100周年記念で黄色に替えたところ、とても評判が良く、以来黄色に定着したそうです。

057

Receptionist
レセプショニスト

コンシアージュの制服に似ていますが、ジャケットは短め。爽やかな笑顔でゲストを迎えます。

第二次大戦終戦を祝って、王室一家がこのホテルに
ソーセージとスクランブルエッグを召し上がりにいらしたこともあったとか。

女性はパールのネックレスも
制服の一部として身に着けています。

ウエストコートの一番下のボタンは、
外しておくのが正しい着方。

男女ふたりで迎えるレセプション

　ザ・ゴーリングのレセプションでは、男女のレセプショニストがゲストに応対します。男性はジャケット、ウエストコート、ズボンの色が異なる三つ揃え。女性は黒いワンピースに清楚な生成りのドレスジャケットで、落ち着いた中にも明るい印象を与えます。

　王室にゆかりの深いザ・ゴーリングは、エリザベス女王の母親、クイーンマザーのお気に入りだったらしく、晩年も気軽に利用されていたそうです。チャールズ皇太子が幼少時、洗礼式のケーキを作ったのもここのシェフでした。ホテル業界への功績を讃えられ、先代である3代目ゴーリング氏は大英帝国勲章を受けています。

Restaurant Staff
レストラン・スタッフ

総合的な配色の調和が見られます。ヘッド・ウェイターのジャケットは、コンシアージュ、レセプショニストのウエストコートと同色です。

The Goring

パリのギャルソンのように長いエプロン。

襟幅がキュートな、ドアマンとデザイン違いのウエストコート。

背中のラインが斬新です。

襟元と背中が個性的な制服

　2011年に、有名なレストランガイド『ザガット』によりロンドンの「ベスト伝統的英国料理レストラン」に選ばれた「ザ・ダイニング・ルーム（The Dining Room）」。有名デザイナーで女王様の甥、デビッド・リンリーが手掛けたインテリアは、クリーム色を基調にしたクラシック・エレガンス。ヘッド・ウェイターの制服は襟幅の広いベージュのジャケット、白黒に青線の入ったグレンチェックのウエストコート、黒のズボン。ウェイトレスは背中に薄緑のラインが入った色違いのウエストコートでジャケットはなし、膝下までの白いエプロンが清潔感をアップ。穏やかな色調でもデザインの工夫で個性が光ります。

061

Bar Staff
バー・スタッフ

毎回、ゲストの目を奪う2匹の羊の置物。

どこか現実離れしたバーのインテリアにもすっと溶け込む制服です。

日中はコーヒー、夜はカクテルで

　新聞を抱えて、コーヒーをすすりながら一日過ごす……というのがもっともふさわしい場が「ザ・バー＆ラウンジ（The Bar & Lounge）」。赤い絨毯に立体感のある壁紙、油絵のポートレートが格調高く、昼間からうっすらとシャンデリアにあかりが灯るので時間を忘れてしまいそうです。そんな空間の中でお客様を相手にするのは、黒のシャツとフレアスカートに幅広の黄色いサッシュが斬新な制服を着たウェイトレス。

　バーとラウンジは別の部屋ですが、ドアで繋がっています。日中はくつろげる場ですが、夜は連日遅くまで宿泊客と近所の常連客が集まり、カクテルなどを片手に賑わいます。

Housekeeper
ハウスキーパー

ハウスキーパーは、黒のブラウスとスカートに白いエプロン。
ポイントは、襟と袖口の白い縁取りとエプロンの黒い縁取り。

🌿 バッキンガム宮殿より優れた客室 🌿

　開業当初から全客室バス・トイレ付きで、人気を集めたザ・ゴーリング。1937年のジョージ6世戴冠式に招待されたノルウェー皇太子が宿泊して、「バッキンガム宮殿では5人のゲストと共有しなければならなかったが、ここには私専用のトイレと浴室がある」と感動したそうです。

　2011年には初の試みとして、ホテルの裏庭に砂を敷いて仮設ビーチ・バーを作りました。セレブや王族のリゾートとして人気のあるカリブ海のミスティーク島を庭に再現するという企画で、ゲストには人気ですが、客室に砂を持ち込まれたらハウスキーパーは大変かもしれません。

ロイヤル・ウエディングゆかりのホテル

大勢の観衆の祝福を受ける新郎新婦を馬車に乗せて進む華やかなパレード。
©Gerard McGovern / GP / Getty Images

　10年越しの恋が実り、2011年4月29日に晴れて挙式を迎えたウィリアム王子とキャサリンさん。式場のウェストミンスター寺院からバッキンガム宮殿までのパレードを一目見ようと、100万人の観衆が押し寄せました。このロイヤル・ウエディングは日本でも生放送で放映され、ウィリアム王子の両親、故ダイアナ妃とチャールズ皇太子の挙式以来の華やかなイベントとなりました。

　キャサリンさんは、挙式の前日に一般人として最後の夜をご家族と過ごすため、バッキンガム宮殿に近いザ・ゴーリングに宿泊していました。マスコミ報道によると、泊まったのはホテルが創立100周年記念に18カ月のプランニングと15万ポンド（約2000万円）を費やして改装したロイヤル・スイートだったとのこと。部屋には寝室が2つとラウンジ、ダイニング・ルームがあり、テラスからはロンドンのパノラマ風景が見渡せます。

　キャサリンさんは挙式当日、ホテルからウエディング・ドレス姿でお父様と一緒に車に乗ってウェストミンスター寺院に向かいました。挙式に招待されたゲストは1900人。ただし、その全員がバッキンガム宮殿のパーティーに招待されたわけではなく、キャサリンさんのご家族のゲストは、ご両親が別途アレンジしたホテルのパーティーに出席したそうです。

The Goring

挙式の前日、キャサリンさんとご家族が到着。ドアマンも荷物を運ぶ手伝いで大忙し。
©Jeff Mitchell / GP / Getty Images

帽子にドレスに靴、すべて結婚式に着るものです。
©Jeff Mitchell / GP / Getty Images

この中にはキャサリンさんが着たウエディングドレスも。
©Jeff J Mitchell / Getty Images

065

ザ・ゴーリングと羊

ザ・ゴーリングのマスコットは羊です。ホテルのバーにあるグランドピアノの足下には、2頭の羊の置物が置いてあります。

これはもともと、3代目オーナーが自宅用に購入したものでしたが、ゲストがよくつまずくので邪魔だと、広いスペースがあるホテルに移動したことが始まりでした。

モコモコの羊毛で覆われた木製の愛らしい羊は、あっという間にゲストのあいだで評判になり、今では客室全室に同じ羊が置いてあります。なんでもベッドには羊のぬいぐるみまで置いてあるとか。

ほかにも、ホテルには羊をモチーフにしたものがいくつかあり、オリジナル羊グッズを購入することもできます。

思わず欲しくなる
羊の靴下。

ほぼ等身大で、モコモコしていて本物のよう。

スタッフが身に着けている、
羊柄のネクタイやカフリンクも販売。

ぬいぐるみやホテルの本もあります。

コンシアージュの仕事

「ホテルの頭脳」ともいえるコンシアージュ。
その仕事について、ポールさんにお話を伺いました。
ポールさんは優秀なコンシアージュの証、
英国ゴールデン・キー協会の会員です。

ザ・ゴーリングの
ヘッド・コンシアージュ ポールさん

　コンシアージュの仕事は、ゲストがロンドン滞在中に楽しめるようお手伝いすることです。ゲストがどんなことに興味があり、なにをしたいのかお話を聞きながら劇場、レストラン、旅行などのプランを立て予約をします。

　情報源としてもちろんインターネットは欠かせないツールですが、ログ・ブック（記録帳）やデスク・ダイアリーなど、まだ伝統的な方法で記帳したものを使っています。そのほかに私は、自分用にも小さな手帳を一冊抱えており「ブラック・ブック」と呼んでいます。大切なものですから、無くしたときのためにスペアもあります。コンピューターには記録が残りませんが、これらにはコンタクトの名前と連絡先だけではなく、その人の職歴など役立つことを記録します。レストランやホテルなどホスピタリティー業界で働く人々は、転職しても業界内に留まることが多いので、苦労をともにした仲間と再会することもよくあります。この業界に勤務する人々は大きな家族の一員みたいなもので、お互いに助け合うのです。

　珍しいリクエストとしては、アメリカ人の猫好きのお客様の依頼で猫を探したことがありますね。週に数回決まった時間に、ウェストミッドランド地方にあるウォルソルというところからバスに乗ってウォルバーハンプトンのフィッシュ＆チップス屋さんの前で降りる猫の話の記事を読んだそうで、地元のバス会社に連絡してその話が事実であることを確認したうえで、現地訪問に運転手を手配してあげました。また、前の勤務先ではゴルフ経験のないゲストにスイングの仕方を教えるため、ゴルフの練習器具を部屋に用意したことがあります。

英国ゴールデン・キー協会
(The Society of the Golden Keys)

コンシアージュ同士が助け合うことを目的に、1929年にフランスで発足された組織「レ・クレドール（仏語でゴールデン・キーの意味）」の一環として1952年に英国で形成された組織。現在、世界40カ国以上のメンバーが、年に一度国際会議を設けネットワークを深めています。ロゴは「お客様のどんなドアも開けて差し上げましょう」という意味のふたつの鍵が交差したもの。5年以上の経験と知識を試す面接試験に合格しないと、会員として認められないそうです。

Grosvenor House

※ グロブナー・ハウス

ヨーロッパ最大級のバンケティング施設を誇り、
英国アカデミー賞を始め
数多くのイベント会場になっています。

Doorman
ドアマン

冬期はテイルコートの上にコートを着ます。
中央に一本の切れ込みがある
センター・ベントは、ボタンで留めてあります。

英国貴族の乗馬服に由来するテイルコート。

ホテルのロゴ入りネクタイに、
同系色のウエストコート。

制服一新でイメージチェンジ

　グロブナー・ハウスは2009年に改装オープン以来、スタッフの制服を総入れ替えしてイメージチェンジを図りました。

　ドアマンのジャケットは濃いグレーのテイルコートで、前裾が斜めにカットされているのが特徴です。スリムなジャケットに、たっぷりと生地を使ったズボンが、長身のドアマンに似合っています。

　ネクタイは赤色でホテルのロゴが入っていて、黒い格子柄の同色系のウエストコートによくマッチしています。冬はその上に、上襟がベージュのベルベットになったオーバーコートを着て、ネクタイと同じ赤のスカーフを首に巻きます。

ドアマンのツーショット。シングルのオーバーコートにトップ・ハット、右側にはポケットが2個ついています。

Grosvenor House

ホテルの頭文字、GHを
モチーフにしたロゴ入りスカーフ。

黒のコートに、ベージュのベルベット地の上襟が映えます。

外に立っていることが多いので、
冬の就業中はできるだけ暖かい格好で。

一年間に350以上のイベントが！

　ハイド・パーク東端側の5つ星ホテルが並ぶ大通り、パーク・レーンに堂々と建つグロブナー・ハウス。大改装のもと2009年に再オープンし、現在JWマリオット・ホテルが運営しています。1929年にアールデコのスケートリンク場としてオープンした「グレイト・ルーム（Great Room）」が有名です。

今は着席ディナーでも2000人まで収容可能なヨーロッパ最大規模の宴会場として、英国でもっとも権威のある音楽賞のマーキュリー賞や英国アカデミー賞などの会場として利用されています。イベント施設が充実していることで定評があり、一年を通じてセレブの出入りが絶えないホテルです。

Porter
ポーター

モノトーンに赤のアクセントが映える、都会的なスーツ。制服を一新してイメージアップを図りました。

Grosvenor House

ポーターの仕事にトロリーは欠かせません。

肩のプリーツが腕の動きに余裕を与えます。

襟のつけ根と袖口に、
赤い生地が
縫い込んであります。

ゲストの荷物はひとつひとつ大切に

　襟と袖に赤いラインが入ったグレーの立襟のジャケット・スーツに身を包むポーターは、「ラゲージ・ポーター（Luggage Porter）」と呼ばれています。

　グロブナー・ハウスのオフィシャルな住所は、高級ホテル通りとして名高いパーク・レーンですが、正面玄関は裏手のパーク・ストリートにあるのでポーターは両方の玄関口でゲストのお世話をしています。ジャクリーン・オナシス（元ケネディー大統領夫人）やプロボクサーのモハメド・アリに始まり、古くからセレブの利用が多いホテルでVIPも大勢宿泊するため、日々、緊張が解けることはあまりありません。

Concierge
コンシアージュ

ドアマンと同じテイルコートですが、ウエストコートの柄が違います。

体にフィットした
仕立ての良いテイルコート。

どんなゲストにも誠意のこもった対応を。

コンシアージュのカウンターで。

ウエストコートの色は
ドアマンとは違います（左）。
鍵のマークはベテランの証（右）
（P67参照）。

由緒あるホテル名にふさわしい制服

　男性の昼の最上級正装のひとつであるテイルコートを制服に取り入れて、訪れるゲストに最大限の敬意を払うコンシアージュ。スーツはドアマンと同じですが、ウエストコートの生地が違います。

　ホテルの名前はロンドンの一等地の地主であり、英国貴族の中でもっとも裕福なウエストミンスター公爵の名字、グロブナーに由来しています。ホテルの土地は、グロブナー家のロンドン邸宅「グロブナー・ハウス」があった場所で、第一次世界大戦のあと売却されましたが、歴史に敬意を払い、その後建てられたホテルにも同じ名前がつけられたそうです。

Restaurant Staff
レストラン・スタッフ

目の覚めるような鮮やかな若草色のウエストコートに金色のネクタイは、高級感があります。

Grosvenor House

GHをモチーフにした
ホテルのロゴ入りネクタイ。

装飾が美しいボタン。

タイトスカートと合わせて女性らしさを強調。

うしろ姿は意外なほど黒一色。

アフタヌーン・ティーには、
ホテルご自慢のミニケーキ。

英国家庭風インテリアでお茶を

　写真は「ザ・パーク・ルーム（The Park Room）」というロビー階のレストランのウェイトレスですが、撮影は「ストラットン（Stratton）」という宴会場で行いました。英国家庭のリビングルームをイメージしてデザインしたというザ・パーク・ルームのインテリアは、光沢のあるエレガントな制服によくマッチしています。制服のネクタイは、ドアマンやコンシアージュ同様にホテルのロゴ入り。きれいな若草色のウエストコートに合う襟の大きなシャツ、そして黒のスカート。ホテル内には数軒のレストランがありますが、ここでは朝食とアフタヌーン・ティーのほか、ランチとディナーを出しています。

Banqueting Staff
バンケティング・スタッフ

白い手袋が英国の植民地時代を思い起こさせます。

正社員の制服は、
ウエストコートにネクタイ。

胸元にはホテルの
ロゴの刺繍が入っています。

パートと派遣社員は、立襟のジャケット・スーツに白い手袋でお客様をサーブします。

🌿 イベント会場総面積は5660平方メートル 🌿

　英国のテレビ番組で映画や音楽の華やかな授賞式が放映されるとき、会場として登場する場所。イベント会場として有名な、グロブナー・ハウスのバンケティング・ルームです。メインのホテルの隣の建物で「86 パーク・レーン（86 Park Lane）」と呼ばれ、中で繋がっており、ミーティングやパーティー、結婚式などに使われています。制服は2種類あり、ひとつはパートと派遣スタッフのための立襟のジャケット・スーツ。もうひとつは正社員が着用するグレーのウエストコートに、黒のスカートかズボン。ネクタイはホテルのロゴ入りのものです。本書が出版される頃には、全員後者に統一される予定だとか。

Housekeeper
ハウスキーパー

とても愛らしいメイド・ルック。日中と夜の制服は色が違います。

Grosvenor House

エプロンの片隅に、
ホテルのロゴの刺繍。

夜のハウスキーパーは、こげ茶色の制服。

うしろ姿も、エプロンの紐のリボン結びが可愛い。

3人で仲良くポーズ。中央は、スーパーバイザー。

◈ 色違いのどちらもキュートな制服 ◈

「ルーム・アテンダント（Room Attendant）」と呼ばれるハウスキーパーの制服は、日中のシフトと夜のベッド・メイキングの仕事で色が違います。爽やかな薄いベージュのワンピースに、真っ白なエプロンは昼間の制服。夜は同じデザインで、こげ茶色のワンピースです。すっきりと四角くカットされた襟元と袖口には白い縁取りがしてあり、あまり目立ちませんがエプロンにはホテルのロゴが刺繍してあります。ハウスキーパーの監督をするのはスーパーバイザー（Supervisor）で、制服は本来こげ茶の3ピース・スーツですが、このときはジャケットなしのウエストコートとスカートだけでした。

InterContinental London Park Lane
※ インターコンチネンタル・ロンドン・パークレーン

ロンドン中心部の高級住宅街、
メイフェア地区最高のロケーションにあるホテル。
かつての王室の古い屋敷の跡地に建てられました。

Doorman
ドアマン

InterContinental London Park Lane

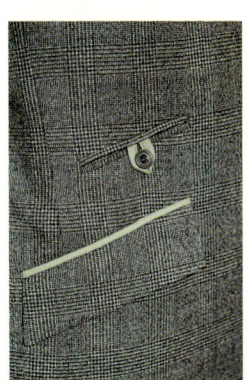

コンセプトに従った
草色のポケットの縁取り。

ネクタイも、土と草を象徴する色合いです。

環境と室内の融合をコンセプトに

　近年、スタッフの制服を新規一新したロンドンのインターコンチネンタル。ドアマン、コンシアージュ、ポーター、レセプションとラウンジ・スタッフの制服は、東ロンドンの制服デザイン会社「ジョセフ・アラン」のロージー・ウィリアムスさんが手掛けたものです。ホテルが隣接するふたつの王立公園、ハイドパークとグリーンパークの色合いをロビーのインテリアに起用して、室内と屋外が融合したような錯覚を起こさせるというコンセプトの一環で、制服にも土っぽい自然な色を取り入れたということです。色だけではなく、肌触りでも表現されており、たとえばニット製のネクタイがその例です。

冬場はこの制服の上に、厚手のオーバーコートにスカーフ、手袋を着用します。

InterContinental London Park Lane

ロンドンで生まれたボーラー・ハットでゲストを迎えます。

🌿 地元のアイテムでゲストを迎える 🌿

　インターコンチネンタル・ロンドン・パークレーンでは、バレット・パーキングという、ゲストの車のカギを預かり代行運転で車を駐車するサービスもドアマンの監督のもと行われるそうです。

　このホテルは、第二次世界大戦前にエリザベス女王が暮らしていた屋敷の跡地に建設されたとか。王室とのゆかりを象徴するために、プリンス・オブ・ウェールズ＊・チェックとも呼ばれるグレンチェック柄が、ドアマンおよび、一部の制服に使われています。帽子にロンドン生まれのボーラー・ハットを選んだ理由は、できるだけ地元のものでゲストを迎えるという方針だからです。

＊英国王位継承権一位の王子の称号。　085

Porter
ポーター

ゲストを待たせないように素早く行動します。

InterContinental London Park Lane

客室が447室もある大型ホテルなので、歩く距離も長いのです。

明確なデザインコンセプトで、ニットの手触りが自然を象徴。

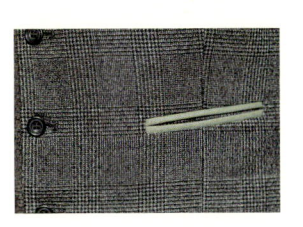

ポケットの縁取りも手が込んでいます。

いつも爽やかな笑顔を絶やしません。

細部にもこだわったコーディネート

　インターコンチネンタルでは、ポーターのことを「ラゲージ・アソシエイト（Luggage Associate）」と呼びます。ロビーに待機して、ゲストの荷物を移動するのがおもな仕事ですが、コンシアージュやドアマンなどをサポートする役割もあります。

　制服はグレンチェック柄の襟付きウエストコートに細身の黒いズボンで、ネクタイは草色のニット製です。よく見ると、ウエストコートの襟についているボタン・ホールも、ネクタイと同色で縫われているのがわかります。ロビーのインテリアが比較的明るいので、コントラストをもたらすために、あえてズボンに暗い色を選んだそう。

Concierge
コンシアージュ

現代的なインテリアとも相性のいい制服。

InterContinental London Park Lane

棚やコンピューター、椅子が直線なのに対して花瓶の曲線がアクセントに。

ジャケットのポケットと
ボタン・ホールの
縁取りが草色（左）。
うしろ姿は
シンプルです（右）。

◆ 知識と経験がものをいう ◆

　スマートな三つ揃えスーツのコンシアージュ。生地は、ポーターのウエストコートやドアマンのスーツと同じですが、ウエストコートは襟なしで、ドアマンのものより体にフィットしたジャケットを着ています。コンシアージュ・デスクのインテリアは、直線と曲線をうまく使い分けたユニークなデザインで、制服にもぴったりです。

　コンシアージュの仕事は、ゲストの滞在中だけではありません。到着前に連絡を受けて滞在中のアレンジをすることも多く、問い合わせが電話やEメールでどんどん入るので、じつに多忙です。これを豊富な知識と経験で次々とこなしていくのです。

Receptionist
レセプショニスト

カウンターや壁のアートにしっくりと馴染むスーツ。

InterContinental London Park Lane

シックな色合いの制服に、センスが光ります。

ジャケットは立襟なので、
首が長く見えます。

🌿 シックなスーツに斬新なアクセサリー 🌿

　フロントでゲストのチェックインやチェックアウトをするほか、両替所としての役割、ゲストからの問い合わせ対応などをするレセプショニスト。インターコンチネンタル・ロンドン・パークレーンでは、「ゲスト・リレーションズ・アソシエイト（Guest Relations Associate）」と呼ばれています。胸元がV字のジャケットに、膝丈のタイトスカートというシンプルな形ですが、グレンチェック柄のスーツはほのかな品格を感じます。制服姿を見て、真っ先に目に入るのは大きなネックレス。緑金色のビーズを束にしたようなデザインで、制服にぴったりの良いアクセントになっています。

091

Lounge Staff [Lobby Lounge]
ラウンジ・スタッフ［ロビー・ラウンジ］

光沢のあるインテリアと生地の素材が高級感を出します。ロビーを彩る金色のディスクを繋げたパーテーションとも調和しています。

InterContinental London Park Lane

カフスのように
折り返しになった袖口。

ウェイトレスはドレスのみ、スーパーバイザーはジャケットも着ます。

カラフルなプラタナスの
木肌のような柄のネクタイ。

公園の緑がラウンジに

　ロビー階にあり、アフタヌーン・ティーや軽食を出す「ザ・ウェリントン・ラウンジ（The Wellington Lounge）」。ラウンジの窓からは、1815年にワーテルローの戦いで英国を勝利に導いたウェリントン卿を讃える凱旋門がよく見えます。紅茶はロンドンのお茶専門店ティーパレスのもので、オリジナル・ブレンドもあるそう。写真の制服は「フード＆ビバレージ・アソシエイト（Food & Beverage Associate）」、つまりウェイターとウェイトレスのもの。ウェイターの制服はグレーのウエストコート・スーツ。光を浴びた若々しい緑のイメージのウェイトレスのドレスは、スーパーバイザーのみ短いジャケットを着ます。

Lounge Staff [Club Lounge]
ラウンジ・スタッフ［クラブ・ラウンジ］

袖はダブルカフス。

キリッとした、
白いエプロンがポイント。

シャツの身頃の折り返しは男性が左側、女性が右側になっています。

宮殿の景色を楽しみながら朝食を

　7階にある「クラブ・インターコンチネンタル（Club Intercontinental）」は、スイートとエグゼクティブ・ルームの宿泊客のためのクラブ・ラウンジです。大きな窓からは、バッキンガム宮殿がよく見えます。ビュッフェ形式のフル・イングリッシュ・ブレックファストはもちろんのこと、ドリンクと軽食が一日中無料で提供されています（スタンダード・ルームのゲストも追加料金で利用可能）。

　クラブ・ラウンジの制服は、男女とも立襟のこげ茶色のシャツ・ジャケットとズボン。それに白いエプロンをつけます。前身頃の折り返し部分は、女性と男性では逆の位置になっています。

Restaurant Staff [The Cook Book Cafe]
レストラン・スタッフ［ザ・クックブック・カフェ］

InterContinental London Park Lane

朝食の時間は、
宿泊ゲストの対応で大忙し。

エプロンの差し色が
マリンブルーなのは、
ホテル・スタッフの印。

週末のブランチは、シャンペン飲み放題で人気。

🌿 面白いイベントが豊富なカフェ 🌿

　一般の宿泊ゲストが朝食をとるのが「ザ・クックブック・カフェ」。カフェの名前「料理本」のコンセプトは「シェフやソムリエがゲストと相互に関わり合う対話型の場」で、四季を通じてワインと食べ物のテイスティング、料理のデモンストレーションや飲み物のマスタークラスなどが企画されています。

　ウェイター（フード＆ビバレージ・アソシエイト）の制服は、黒地にマルチカラー・ストライプのシャツ、黒のズボンとエプロン。エプロンのポケットと裾の縁取りがマリンブルーなのがホテルのスタッフで、派遣スタッフはその部分が赤です。

Banqueting Staff
バンケティング・スタッフ

長い廊下沿いに、いくつもの会議室が並んでいます。

会議室の窓から、ピカデリー通りが一望できます。

襟の内側にも前立ての赤茶色が。

❧ イベント・スペースのセットアップ係 ❧

「イベント・アソシエイト（Event Associate）」と呼ばれる、宴会場のウェイターとウェイトレス。小さな会議から750人収容の宴会場までテーブルクロス、食器、筆記用具やコーヒー、紅茶の用意などのセットアップをするのが仕事です。

こちらの制服は、黒地に赤茶色の前立てがついたシャツと黒のズボン。一見普通のシャツに見えますが、裾とポケットがウエストコートのようなデザインになっています。ビジネスミーティングだけではなく、結婚式やパーティー、舞踏会などで年中賑わう華やかな職場ですが、準備には細心の注意を払っています。

Chef
シェフ

InterContinental London Park Lane

ホテル名の下に、名前とポジションが刺繍してあります。

料理はプレゼンテーションまで、細心の注意が必要。

ステンレスで、ピカピカに磨かれたキッチン。

🌿 ホテルのシニア・スーシェフ 🌿

　総料理長の直接的補佐をするのがスーシェフですが、インターコンチネンタル・ロンドン・パークレーンにはシニア・スーシェフというポジションがあり、キッチンの食材発注から品質チェックまで、ホテルで出される食事の質を首尾一貫するための監督をしています。シニア・スーシェフは、スタッフの技術向上とトレーニングにも深く関わっています。ユニフォームはシェフらしい、白いコットンのシャツと白いエプロンに黒のズボン。シャツのボタンが真ん丸なのがどこか可愛らしい。ちなみに、シェフのシャツの前身頃がダブルになっているのは、火や熱による火傷を避けるためだといいます。

Spa Staff
スパ・スタッフ

お忍びでくるゲストのために、入口が別のVIPスイートがあるそう。

至れり尽くせりで疲れを癒す

　ホテルの2階にある高級スパで、フェイシャルから男性のグルーミングまで、あらゆるトリートメントを提供しています。一部を除き、所要時間でチャージするユニークなシステムを導入。なかでも「R.O.S.E.（Relaxed, Oxygenated, Sensual and Energisedの略）」というセラピーが有名で、バラの花びらのフット・バスに始まり、マッサージとフェイシャルでリラックスしたあとは、紅茶とチョコレートのお土産がつくそうです。

　制服は、袖の短い黒のパンツ・スーツ。モノトーンですが、胸元のカットが魅力的です。動きを妨げないデザインで、生地は透湿性のナイロンです。

Housekeeper
ハウスキーパー

InterContinental London Park Lane

ゲストが気持ち良く過ごせるように、枕もふかふかに。

広々としたスイートルームは、眺めも最高！

🌿 通気性を良くした機能性重視の制服 🌿

「ルーム・アテンダント（Room Attendant）」と呼ばれるハウスキーパーが、ひとつひとつの部屋を丁寧に掃除してベッドメイキングをします。客室は、全部で447室。亜麻色のジャケットに黒のズボンは、機能重視で動きやすいデザインです。

ハウスキーパーの仕事は、実際にはかなり重労働ですし、汗もかきますから、通気性を良くするため脇の下に切り込みがあるなど制服にも工夫が見られます。スイートルームを担当しているシャンタルさんは、ヨーロッパのほかの支店から研修できているそうで、国際的なホテルチェーンならではのシステムといえるでしょう。

The Landmark
❊ ザ・ランドマーク

鉄道旅行を楽しむ紳士淑女の宿泊先として、列車が発着するマリルボーン駅前に建てられたヴィクトリア時代の豪華ホテル。19世紀末の華やかな栄光が今日も続いています。

Doorman
ドアマン

夕日に赤く染まる時計塔がロマンチック。
©The Landmark

鉄道駅に面した北口の玄関。重々しいドアがいかにも英国風。

スタッフ同士は、無線で交信します。

洗練と重厚さをあわせ持つ制服

　軍隊の制服のように重量感のあるウールのオーバーコートに、銀色の装飾で洗練されたイメージを与えるドアマン。コートの襟元から少しだけ顔を出す千鳥格子のウエストコートと同色系のネクタイ、ベルベット地の上襟とピカピカの銀ボタンが高級感を漂わせます。このホテルにはゲスト用の玄関が2カ所あり、ひとつはメインストリートに面した南口、もうひとつは鉄道のマリルボーン駅に面した北向きの玄関、ノース・エントランス（北口）。マリルボーン駅はロンドンの鉄道ターミナルの中でもっとも小規模な駅のひとつで、ストラトフォード・アポン・エイボンやオックスフォードに向かう列車の出発口です。

赤みを帯びた石造りの建物には、100年以上の歴史が刻まれています。改装で、かつての栄光がよみがえりました。

The Landmark

トップ・ハットにはボタンとお揃いで、銀色の飾りリボン。

同色系でパターンの違うものを
うまくマッチさせています。

肩幅の広いデザインですが、
背バンドとダーツで引き締めています。

椰子の木が茂るコロニアル風インテリア

　石造りの厳めしい外観からは想像できないような素晴らしい中庭のあるホテルです。建物は8階建ての吹き抜けで、天窓から差し込む自然光が中庭に面した客室に降り注ぎ、一年中春のような明るさ。地上階にはレストラン「ウィンター・ガーデン（Winter Garden）」があり、12メートルもの巨大な椰子の木がコロニアルな雰囲気を醸し出します。ベーカー・ストリート駅からも徒歩5分と便利な場所にありますが周囲は住宅街で、マリルボーン駅は小さな鉄道ターミナルなのでとても静か。イベント会場としても人気があり、世界的に有名なワイン雑誌『デカンター』の年次テイスティング会もここで開催されます。

Porter
ポーター

メインストリートに面した南口玄関でゲストを迎えるラゲージ・ポーター。

The Landmark

ホテルの名前の頭文字
Lを象ったバッジ。

すがすがしい印象の金髪七三分け。

大理石の暖炉に、
肖像画が時代を超えた
ロマンを演出するラウンジ。
©The Landmark

チェックを生かした制服で荷物を運ぶ

「ラゲージ・ポーター (Luggage Porter)」と呼ばれるザ・ランドマークのポーター。すっきりした白黒の細かいチェック模様のウエストコートに黒のズボン、同系色のネクタイはドアマンのものと同じです。ポケットが両側に2個ずつついているところに工夫が見られます。「ヨーロッパの玄関口」になったマリルボーン駅ですが、1920年代に乗用車が普及して鉄道利用客が減り、駅周辺のホテルも閉鎖。長い間、英国軍や英国鉄道のオフィスとして利用されましたが、大改装ののち1990年代にホテルとして復活しました。近年ロンドンでは、歴史的建築物として評価の高い駅前のホテルが何軒か改装オープンしています。

Concierge
コンシアージュ

ザ・ランドマークになる前は、日本企業所有のホテルだったことも。良いサービスは万国共通です。

ゲスト用に、
こんなレトロな電話機が。

ゲストからの
リクエストには、
1件ずつ丁寧に
対応します。

ふたりとも英国ゴールデン・キー協会のメンバー。シフトで働くので、チームワークが大事です。

🔖 トップクラスのコンシアージュ 🔖

　メインストリートに面した南口玄関に、コンシアージュ・デスクがあります。貫禄たっぷりのヘッド・コンシアージュが着ているのはジャケットが長い黒のスーツにグレーのウエストコート。ネクタイは黒字に斜めのストライプに見えますが、グレーの線は細かい模様でできています。

　女性のコンシアージュの制服は、黒いタイトスカートのスーツに白のシャツ。ミニスカートで若々しいデザインです。

　ふたりが襟元につけた2本の鍵が交差するバッジは、経験を積んだコンシアージュだけがメンバーとして受け入れられる英国ゴールデン・キー協会（P67）のものです。

Receptionist
レセプショニスト

コンシアージュ・デスクの前で。レセプションは、ロビーの反対側にあります。

VIP担当の
ゲスト・リレーションズ・マネージャーは、
自分で選んだ制服。

コンシアージュと
レセプションの制服は
どちらも黒ですが、
デザインで趣が違います。

好みで選ぶ
スカーフだから
カラフル。

🌿 シックなスーツにスカーフで個性を 🌿

　シャネル・スーツのような、襟のないジャケットに淡い茶系のスカーフを合わせた女性らしいコーディネートのレセプショニスト。ザ・ランドマークでは、「フロント・オフィス・クラーク（Front Office Clerk）」と呼ばれます。シンプルなスーツですが、凹凸のある金ボタンで豪華な雰囲気に。じつはこの制服は、スタッフの好みのスカーフを身に着けることが許されているので、色も柄もさまざま。レセプションが一段と華やかに見えます。ホテルでは一部の職種で、スタッフが選んだ洋服や小物を制服として許可するシステムがあり、レセプションのスタッフはそれを反映しています。

Restaurant Staff
レストラン・スタッフ

足取りも軽やかに、トレーにグラスをのせて歩くウェイター。

吹き抜けで明るい中庭のレストラン

　地模様の入ったウエストコートに、細いオレンジ色とワイン色のストライプが軽快なウェイターの制服。ネクタイも同じ生地ですが、カットを斜めにしてあるのでコントラストが面白いです。ホテルのインテリアでいちばんの見どころはこの「ウィンター・ガーデン・レストラン」で、8階まで吹き抜けの中庭には椰子の木がありトロピカル。広々と開放感があり、ここでとる朝食は一段と食が進みます。季節によって替わるアフタヌーン・ティーが有名で、たとえばウィンブルドンの時期には「ピムズ*のジェリーに苺とクリーム」「テニスボールの形のケーキ」など、テーマに沿ったメニューが楽しめます。

＊英国独特のリキュール。これで作ったカクテルは、夏の風物詩のひとつ。

椰子の木の下で、朝食の卵料理を担当するシェフ。 　　　　　朝食のビュッフェ・バーの前で。

※ 好きなものを制服に

　バー＆レストラン「222」（右の写真）にはウェイトレスもいて、全員違う洋服を着ていますが、じつは制服です。各自が好みで選んだものをホテルに申請し、許可が下りると制服として着ることができるという面白いシステムです。もちろん、費用はホテルが支払うそうです。

Housekeeper
ハウスキーパー

中庭を見下ろす客室で。フェミニンで可愛い制服です。

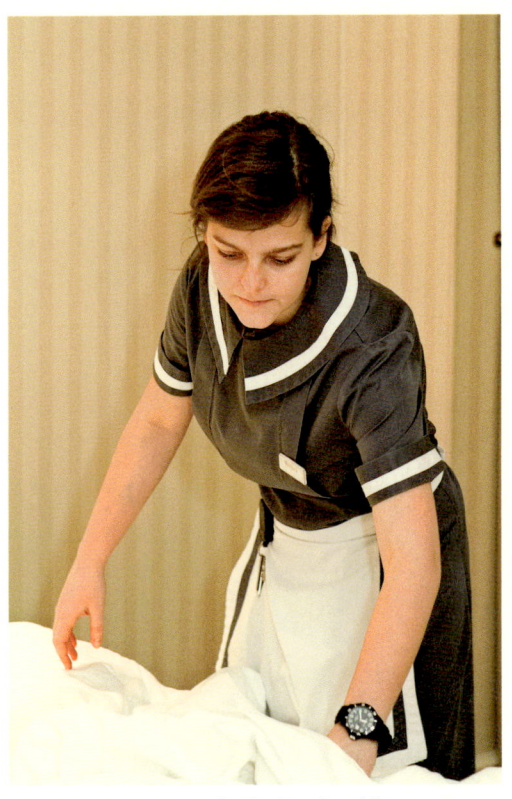

ベッド・メイキングで、洗い立ての良い香りがするリネンに交換。

中庭がよく見えるように
カーテンを束ねて。

縛ったエプロンの紐が
乙女のように可愛い。

🌿 五角形のエプロンが印象的 🌿

「ルーム・アテンダント（Room Attendant）」と呼ばれるハウスキーパーは、トラディショナルなメイド風のグレーのワンピースを着ています。大きな扇型の襟と袖の折り返しに施された白のストライプに対し、白い五角形のエプロンにグレーのライン。モノトーンをうまく組み合わせたデザインです。

ザ・ランドマークの客室は300室で、ルーム・アテンダントは1部屋の掃除に約45分を費やし、ひとり平均1日に11部屋を担当するそうです。毎日のことなので重労働でしょう。でも、自然光の入る広々とした客室でこんな素敵な制服に身を包んでいれば、元気に仕事に励めるのかもしれません。

The Athenaeum
❋ ジ・アセネウム

植物が外壁を覆い、室内にモダンアートがひしめく、
英国風エキセントリックなところが受ける
個性派ホテルです。

Doorman
ドアマン

客室を飾る赤い制服の
ミニチュア兵隊。

ラウンジにあるワンちゃんの
銅像とゲスト犬用水飲みボウル。

使い込んだトップハットが風格を感じさせてくれます。

大物スターたちのお気に入り

　1971年にランク・オーガニゼーションという映画会社の所有になり、ハリソン・フォードやラッセル・クロウなど大物のハリウッド・スターが滞在するようになったジ・アセネウム。ホテルに隣接する長期滞在者用アパートに滞在したスティーブン・スピルバーグは、部屋に機材を持ち込んで『E.T.』や『インディ・ジョーンズ』の編集をしたそうです。現在は個人オーナー所有のホテルになりましたが、人気は衰えていません。スターも一般のゲストも、満面の笑顔で迎えてくれるドアマン。個性の強い赤茶色の三つ揃いスーツも、背が高いドアマンがバランス良くチャーミングに着こなしています。

生物多様化を図るアーティストの試みで、外壁は8階までぎっしりと植物を這わせたデザイン。

都会を潤す、垂直の庭がここに。
©The Athenaeum

ズボンのサイドに入った
ラインが制服を
引き締めます。

正面玄関にはピカデリー通りとグリーンパーク。バッキンガム宮殿もすぐそばです。

Porter
ポーター

ズボンの裾が細いので、すっきりした印象に。

The Athenaeum

女性的なインテリアに違和感なくマッチする制服。

手を前に回したときに窮屈にならないよう、
背中にはプリーツが。

袖口の赤い縁取りが
アクセント。

ズボンのラインは、
別布を上から縫いつけたもの。

インテリアに負けない制服のこだわり

　朱赤のベルベット地に鋲打ちを施した扇型のソファと花柄のクッション、壁にはバラをモチーフにしたパネル。フェミニンなロビーのインテリアとは対照的に、カチッとしているのがポーターの制服です。こげ茶色の立襟のジャケット・スーツはジャケット丈が短めで、襟と袖口がライト・グレー。ズボンにもライト・グレーのラインが入っていますが、よく見るとポケットの下から別布が縫い込まれた手の込んだもの。ジ・アセネウムの制服は一見シンプルなようですが、じつは目立たないところに工夫がしてあることが多く、個性的なインテリアの中で存在が薄れない理由がそこにあります。

Concierge
コンシアージュ

正面玄関にもアートが。柳の生け垣のような階段の手すりの前で。

子どもから大人まで、
あらゆる要望に応えなければなりません。

下襟（ラベル）に開けられた、
ラベルホールが赤い糸でくくってあります。

袖口の5つの
ボタンホールのうち、
2つだけが赤。

子ども用の特別なサービスも！

　ドアマンとコンシアージュの制服はよく似ていますが、ドアマンのジャケットは後ろ身頃のパネルが3つに分かれていて背中にボタンが2個ついているのに対し、コンシアージュはパネルが2つで中央に1本切れ込みの入った、少しシンプルなものです。
　ホテルには、「キッズ・コンシアージュ (Kid's Concierge)」という子どものゲストを対象にしたサービスがあり、王立公園でボート漕ぎ、自転車レンタル、テニスなど子どもが喜びそうなアクティビティーの予約をしてくれるほか、部屋にはWiiやプレイステーションを始め、玩具やゲームを無料で用意してくれるそうです。

Receptionist
レセプショニスト

カウンターにさり気なく置いてあるリンゴから、ゲストに対する気遣いを感じます。

ホテルの制服とは思えない、可愛らしいニットのアンサンブル。

側面のラインは、別布を縫い込んだもので手が込んでいます。

プリティー・イン・ピンク

　数千個のさまざまなサイズの貝ボタンをびっしりと敷き詰めたレセプションの壁。太陽の光の射し具合により、いろいろな色に反射してとてもきれいです。女性の制服はそんな淡い色の背景にマッチした、薄いピンクのアンサンブル。カーディガンとセーターは、それぞれ襟元に淡いグレーの縁取りが施されています。スカートは裾がフレアで、側面にグレーとピンクのラインが縫い込まれたもの。ほかのホテルではスーツ姿が多いレセプションですが、ソフトな色合いと形がとても新鮮です。トラディショナルなイメージの男性の制服とのコントラストもユニークなところです。

Restaurant Staff
レストラン・スタッフ

目立たないところでこだわる
S字型のパネル。

色の組み合わせ方が巧み。
ウエストコートはこげ茶で、
ピンクと茶系のストライプが
何本か縫い込まれています。

着こなしが良いので、さらに素敵。一番下のボタンは外しています。

🍃 腕には蝶々とミツバチの刺繍 🍃

　ジ・アセネウムには、伝統的な英国料理を出すレストランのほかに、270種類のウイスキーを揃える「ウイスキー・バー（Whisky Bar）」があります。ここでは農園を営みチーズ作りをする英国の人気ロックバンド、ブラーのメンバーが提案するチーズとウイスキーのマッチングメニューが楽しめます。

　ウェイトレスの制服は、S字型にカットされた後ろ身頃がクールなベージュのウエストコートに、袖にミツバチ、蝶々、花の刺繍が入った白いシャツ。鮮やかな緑色のネクタイに、裾広がりのグレーのズボンです。ウェイターは、シャツとネクタイは同じで、ウエストコートは色違いです。

Housekeeper
ハウスキーパー

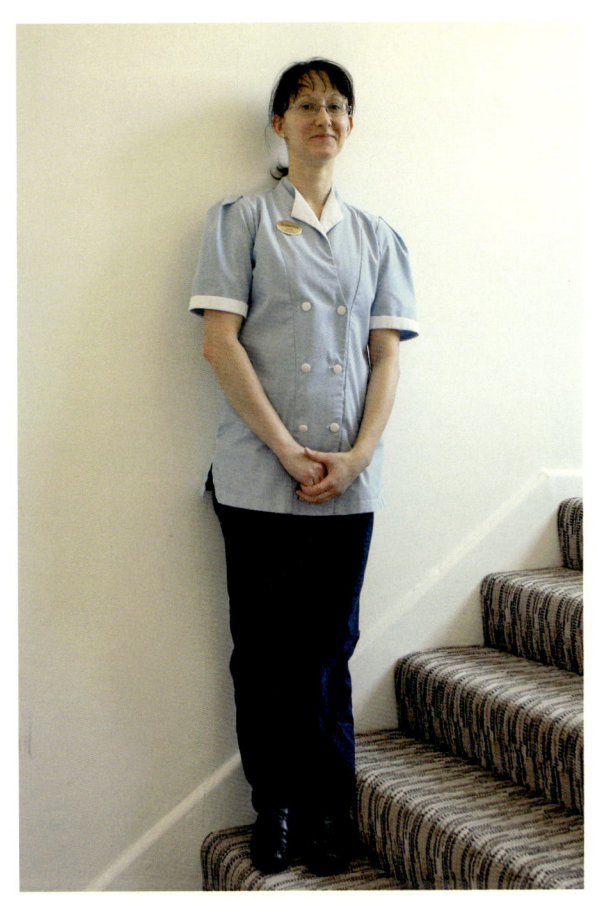

大きくふっくらした袖。

ホテルに必要不可欠なメンテナンス。

前身頃がダブルで、ボタンが2列になったシャツ。

🍦 アイスクリームの補充で大忙し 🍦

　ナタリー・ポートマン、レネー・ゼルウィガー、サンドラ・ブロックなど、映画ファンでなくとも驚くような宿泊客名簿を誇るジ・アセネウム。ハウスキーパーは客室を掃除するのがさぞ楽しいのでは、と想像してしまいます。制服は襟と袖口が白の、水色のシャツに黒のズボン。シャツは袖をふっくらさせるために、大きめのダーツが入っています。水回りや電気系統のメンテナンスもハウスキーピングの役割ですが、こちらは男性スタッフの仕事で、制服は黒のポロシャツにズボン。ちなみに、同系列のアパートメントのゲストは、冷蔵庫のアイスクリームが食べ放題。ハウスキーパーはこちらの補充でも大忙し。

Lancaster London
※ ランカスター・ロンドン

ホテルの上層階から見る景色はロンドンいち。
目の前はハイドパーク、天気の良い日は
公園の緑の向こう、遥か彼方まで見渡せます。

Doorman
ドアマン

Lancaster London

ゲストの外出は、ブラック・キャブの運転手に任せれば安心。

ハイドパークに隣接していて、周囲には緑が多いです。

ひとりひとりのゲストを大切に見送ります。

ビジネス客と観光客どちらにも人気のホテル

　地下鉄セントラル・ラインのランカスター・ゲイト駅真上にあり、ヒースロー・エクスプレスの出発口、パディントン駅にも近くて便利なランカスター・ロンドン。外観は純白でモダンですが、ロビーと客室は落ち着いたクラシックなインテリアです。
　ミーティング施設としてはロンドンで3本の指に入る規模だそうで、3000人まで収容可能。便利さと好立地条件でビジネス客にも人気があり、日本人客も多いホテルです。
　ドアマンの制服は、シンプルな黒のスーツと黒地に白い斜めストライプのネクタイ、ボーラー・ハット。ブラック・キャブを呼び止めるときに、真っ白な手袋が一際目立ちます。

帽子はボーラー・ハット。猟場管理人の乗馬帽としてロンドンで生まれました。

白い手袋も制服の一部です。

ホテルも周囲の
建物も白いので、
ドアマンの黒い制服が
一層目立ちます。

国際色豊かなロンドンで、さまざまな国からのゲストを迎えます。

Porter
ポーター

機能性をもたらす背中のダーツ。

表に見えるボタンは1個だけ。シンプルなデザインのジャケットです。

鳥かごのような形の荷物運搬用トローリー。

夏は中近東からのゲストで大忙し

　濃いグレーの立襟のジャケット・スーツを着たポーター。ジャケットの前立ては内ボタンになっているので前身頃がすっきりして見えます。荷物を持ち上げるときは、後ろ身頃の切り込みが動きに余裕を与えます。ホテルにはさまざまなゲストが滞在しますが、毎年夏場の避暑を求める中近東の富豪たちが召使いたちを連れて、家族ぐるみで長期滞在するとか。彼らの荷物の数は相当なものでしょうから、ポーターも随分忙しくなります。

　ホテル内は禁煙ですが、ランカスター・ロンドンでは、中近東のゲストのために駐車場にシーシャ（水煙草）・バーの仮設テントを建てて喫煙できるようにしているそうです。

Concierge
コンシアージュ

Lancaster London

ゲストの要望に応えて、乗馬体験のアレンジもしてくれます。

男女とも黒のスーツで

　コンシアージュの制服は、男性も女性も黒のシングル・ジャケットのスーツ。女性はピンクのシャツにタイトスカートをはいています。ハイドパークに近いので、公園内の乗馬体験やウォーキング・ツアーなどもアレンジしてくれるそう。

　ランカスター・ロンドンは環境保全活動に熱心で、その功績を讃えて「グリーン・ツーリズム・フォー・ロンドン（Green Tourism for London）」の銀賞を与えられています。事業活動全般に渡り、リサイクルや省エネを導入しており、2009年にはロンドンのホテルとして初めて、建物の屋上で、都心で数が減少しているミツバチの飼育を始めました。

Receptionist
レセプショニスト

ロビーの暖炉の前で、ダンディーな装い。

ゲスト・リレーションズ・デスクで。

制服でホテルのイメージが変わる

　ランカスター・ロンドンでは、レセプションの一般スタッフを「ゲスト・サービス・エージェント(Guest Service Agent)」と呼んでいます。写真はスマートな黒のスーツに身を固めたフロント・オフィスのマネージャー、所属部署はレセプションです。白から黒まで3色の斜めストライプが入ったネクタイは、ドアマンのものに似ていますが、ストライプの色、本数と太さが少し違います。今後、ホテルは徐々に制服の入れ替えを行う予定で、現代的でニュートラルなデザインにしていくそう。制服の印象でずいぶんホテルのイメージが変わり、インテリアとのコーディネートも必要なので慎重に行われていくことでしょう。

Restaurant Staff

レストラン・スタッフ

バーでは、メニューにないカクテルも好みを伝えると作ってくれます。

シャツの袖には赤いカフリンクが。

予約担当でゲストを席に案内する係は、
ホステス（Hostess）と呼ばれます。
ホステスのスカートは、
うしろの裾がプリーツになっています。

🌿 制服の赤が映えるアイランド・グリル 🌿

　ホテルの中を通らずに外から直接入れるので、一般客の利用も多いコンテンポラリーなバー・レストラン「アイランド・グリル（Island Grill）」。「フード＆ビバレージ・アテンダント（Food and Beverage Attendant）」と呼ばれるウェイターとウェイトレスは、白いシャツに黒のズボンと赤のネクタイ、そして黒のエプロンです。袖口がダブル・カフスになっていて、真っ赤なカフリンクをしています。ウェイトレスの中でも、予約やゲストを席に案内する担当はホステスと呼ばれ、真っ赤なスーツで、胸元を強調する襟が個性を出しています。ここでの朝食では和食も選べるので、日本人ゲストに人気があります。

Housekeeper
ハウスキーパー

制服は心持ち厚手の生地なので、型くずれしにくいです。

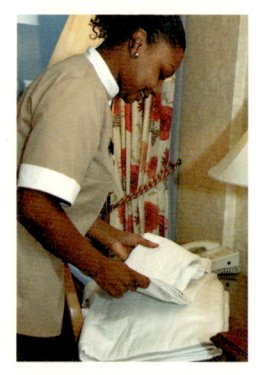

毎日、清潔で
ふかふかのタオルを用意。

動きやすいように、
背中に切り込みが入っています。

〜 動きやすい制服できびきびと仕事 〜

　襟と袖口が白い、ベージュの立襟シャツに黒いズボンのハウスキーパーは、「ルーム・アテンダント（Room Attendant）」と呼ばれます。淡い色の制服で、明るい印象を与えます。

　部屋数が416室もあり、大規模な会議の会場としてよく利用されるホテルなので、予約で満室のことが多く、ハウスキーパーはいつも多忙。客室はモダンにアレンジされたクラシック・スタイルで、大理石の浴室にはふかふかのバスローブを用意しています。ハイドパークを一望できる上層階からの景色はロンドンいちという評判で、テムズ川で花火が上がる年末年始は一年前から予約でいっぱいになるそうです。

ランカスター・ロンドンの
ゲスト・リレーションズ

光沢のあるタイシルクのスーツ。

ブルーを基調にした、色違いもあります。

うしろ姿もエレガントです。

　ランカスター・ロンドンには、VIPのお世話をする「ゲスト・リレーションズ（Guest Relations）」という係がいます。タイ国とのゆかりが深く利用も多いことから、タイ人のVIP担当者もいて、艶やかなタイシルクの制服に身を包んでいました。ホテルには本格的なタイ料理を出すレストランとして、タイ国政府から賞を受賞した「ニパ（Nipa）」というタイ・レストランもあり、同国の王室もロンドン滞在中はホテルを利用するそうです。

＊2011年夏に制服が替わりました。

Mandarin Oriental Hyde Park

マンダリン・オリエンタル・ハイド・パーク

ホテル開業当時は、ハイドパークに面した建物は女王により看板を禁じられたため、やむなく玄関をナイツブリッジに移動。今でも英国王室を始め、日本の皇室の訪問など、特別な場合は公園側の入口が使われるそうです。

赤レンガと石灰石でドラマチックなスカイラインを表現するゴージャスな建物。1996年から、マンダリン・オリエンタル・グループの傘下に入りました。

王室や政治家の利用も多く、高級スパと3つ星のセレブ・シェフ、ヘストン・ブルメンテールの英国料理レストランがあります。

昔はジェントルマンズ・クラブ

　目がくらむほど鮮やかな赤い制服でゲストを迎えるドアマン。上襟の縁取りと袖口には金色の帯、肩の金色のモール紐はまるで軍服のよう。トップ・ハットにも金色のリボンが巻かれ、豪華な印象。チェック模様のネクタイも品良く調和しています。1889年にジェントルマンズ・クラブとしてスタートし、1902年にホテルとして再オープン。さらに2000年に、巨額の費用をかけて大改装しました。

DATA

Mandarin Oriental Hyde Park
マンダリン・オリエンタル・ハイドパーク

[最寄り駅] Knightsbridge

[住所] 66 Knightsbridge, London　SW1X 7LA

[URL] http://www.mandarinoriental.com/london/

Jumeirah Carlton Tower

※ ジュメイラ・カールトン・タワー

1961年に、ナイツブリッジ初のモダンな5つ星ホテルとしてオープン。2005年からジュメイラ・グループの傘下に入りました。サービスで定評のあるホテルです。

ハロッズにもほど近いナイツブリッジの一等地でありながら、住宅街にカモフラージュされた静かな佇まい。派手さを抑え、質でアピールします。

🌿 センスの良い色のコーディネーション 🌿

　高級ブティック街、スローン・ストリートから一歩脇道に入ったところにあるホテル。ドアマンの制服は赤と青の線が縦横に入ったベージュのツイードで、上襟にはこげ茶色のベルベット地が使われ、紫を帯びたこげ茶色のウエストコートに金色のネクタイがよく映えます。シルクハットもこげ茶色で、黒いリボンが巻かれており、ファッショニスタたちのお墨付きのエレガントなデザインです。

DATA

Jumeirah Carlton Tower
ジュメイラ・カールトン・タワー

[最寄り駅] Knightsbridge

[住所] On Cadogan Place, London　SW1X 9PY

[URL] http://www.jumeirah.com/Hotels-and-Resorts/Reiseziele/London/Jumeirah-Carlton-Tower/

All images on this page©Jumeirah Carlton Tower

ロンドンの一流ホテルはココ！

ロンドンの中心には、一流ホテルが集まっています。
素敵な制服での接客を、体験しに行ってみてはいかがでしょうか？

- ① The Ritz ✦ P6
- ② The Savoy ✦ P34
- ③ The Goring ✦ P50
- ④ Grosvenor House ✦ P68
- ⑤ InterContinental London Park Lane ✦ P82
- ⑥ The Landmark ✦ P100
- ⑦ The Athenaeum ✦ P114
- ⑧ Lancaster London ✦ P124
- ⑨ Mandarin Oriental Hyde Park ✦ P134
- ⑩ Jumeirah Carlton Tower ✦ P135

ホテルでの英会話

ホテルで使える簡単な英会話を紹介します。
宿泊客ではない場合の各種依頼も集めたので参考にしてください。

＊会話は1人でのときと、友達と一緒（複数）のときを想定しています。

ドアマン

＊ドアマンに限らず、ホテルのスタッフと撮影したい場合に使えます。

写真を撮らせていただいてもいいですか？
Would you mind if I (we) take your picture?

【友達に撮影してもらえる場合】

一緒に写真を撮ってもいいですか？
May we have a picture together?

point
宿泊客でなくともホテルの利用客であれば質問やリクエストは大歓迎のはずなので、あえて宿泊客ではないことを告げる必要はありません。

ポーター （ポーターのデスクにて）

チェックインの時間前に到着してしまったので、戻るまで荷物を預かっていただけますか？
I am (We are) early for check in.
Can you store my (our) luggage until I (we) return?

今チェックアウトしたのですが、2時まで荷物を預かっていただけますか？
I (We) have just checked out.
Can you store my (our) luggage until 2 o'clock?

レセプションにて

お湯が出ないのですが、見ていただけますか
I (We) don't have any hot water.
Would you send someone to have a look?

（2人部屋を想定しています）
タオルが1枚しかないので（ツインルームで）、もう1枚持ってきていただけますか？
There is only one towel in the room.
Would you bring another one?

（単数も複数も同じになります）
チェックアウトの時間を2時まで延長したいのですが、費用はかかりますか？
Is it possible to check out at 2 o'clock and will it cost extra?

チップについて

ホテルのスタッフになにかを依頼するとき、任意ではありますが、感謝の意味を込めてチップを渡すのがスマートでしょう。右は、ロンドンの高級ホテルにおけるチップの目安です。

＊チップはお財布から出すというのではなく、前もってポケットに小銭を入れておくとまごつきません。また、少々面倒なことを依頼するときは、チップは小銭ではなくお札にしたほうが、印象が良くなります。

［ドアマン］1〜2ポンド。

［ポーター］荷物ひとつにつき、1〜2ポンド。

［コンシアージュ］基本的にはチップ不要。ただし、難易度の高いことを頼んでやってもらう場合は、お札として5ポンド（金額は気持ちですが、小銭ではなくお札で）。

［ハウスキーパー］枕銭。1日につき、1ポンド。

| コンシアージュ | *宿泊した際のちょっと高度な依頼です。 |

今週、ロンドン市内で面白そうなイベントはありませんか？
Are there any interesting events in London this week?

日帰りで楽しめる郊外のおすすめスポットを教えてもらえませんか？
Where would you recommend for a day trip outside of London?

○○というお芝居のチケットを入手したいのですが、お願いできますか？
インターネットで調べたら、売り切れているのですが……。
Would you find me a ticket (us two tickets) for ○○○ tonight?
I (We) searched online but I (we) couldn't find anything.

同室の友人の誕生日祝いに、花を贈りたいのですが、部屋に用意してもらうことはできますか？
Can I send flowers to my friend whom I am sharing the room?
It's her（his）birthday.

| レストランにて |

今日のおすすめは、なんですか？
What do you recommend today?

今日は特別なおすすめはありますか？
Do you have any specials today?

ベジタリアン用のメニューを教えてもらえますか？
Can you tell me (us) which dishes are suitable for a vegetarian?

食べきれなかったアフタヌーン・ティーのお菓子を持ち帰りたい場合

お菓子を部屋に持ち帰ってもいいですか？
May I (we) take them to the room?

お料理の量をたくさん食べられないのですが、ボリュームを調節してもらうことはできますか？
I (We) don't have much appetite.
Would you please reduce the portion?

> バーにて

グラスで白ワインを飲みたいのですが、どんな種類がありますか？
I (We) would like to try white wine by the glass.
What selection do you have?

● 宿泊客ではない場合の各種依頼

> レセプションにて

明日、空室はありますか？
Do you have a single (twin) room available tomorrow?

次回の宿泊を検討しているのですが、お部屋を見せていただけますか？
I am (We are) considering staying in your hotel next time.
Is it possible to see the room?

現在、どんな宿泊プランがあるか教えていただけますか？
What kind of special offers do you currently have?

宿泊客ではないのですが、明日朝食を予約することはできますか？
I am (We are) not staying in this hotel,
but can I (we) book to have breakfast here tomorrow morning?

来週の月曜日、午後4時にアフタヌーン・ティーの予約をしたいのですが。
Can I (we) book afternoon tea for one (two) at 4 o'clock on Monday?

本書で紹介したホテル情報

©The Ritz

The Ritz
ザ・リッツ

✈ P6

［最寄り駅］Green Park

［住所］150 Piccadilly, London　W1J 9BR

［URL］http://www.theritzlondon.com/

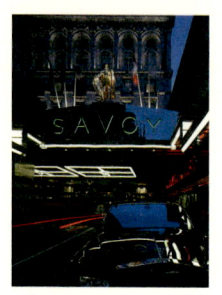

©The Savoy

The Savoy
ザ・サヴォイ

✈ P34

［最寄り駅］Charing Cross

［住所］Strand, London　WC2R 0EU

［URL］http://www.fairmont.com/Savoy/

©The Goring

The Goring
ザ・ゴーリング

✈ P50

［最寄り駅］Victoria

［住所］Beeston Place, London　SW1W 0JW

［URL］http://www.thegoring.com/

©Grosvenor House

Grosvenor House
グロブナー・ハウス

✈ P68

［最寄り駅］Marble Arch

［住所］Park Lane, London　W1K 7TN

［URL］http://www.marriott.co.uk/hotels/travel/
　　　longh-grosvenor-house-a-jw-marriott-hotel/

©InterContinental London Park Lane

InterContinental London Park Lane
インターコンチネンタル・ロンドン・パークレーン

✈ P82

［最寄り駅］Hyde Park Corner

［住所］One Hamilton Place, Park Lane London　W1J 7QY

［URL］http://www.intercontinental.com/

©The Landmark

The Landmark
ザ・ランドマーク

✈ P100

［最寄り駅］Marylebone

［住所］222 Marylebone Road, London　NW1 6JQ

［URL］http://www.landmarklondon.co.uk/

©The Athenaeum

The Athenaeum
ジ・アセネウム

✈ P114

［最寄り駅］Green Park

［住所］116 Piccadilly, London　W1J 7BJ

［URL］http://www.athenaeumhotel.com/

©Lancaster London

Lancaster London
ランカスター・ロンドン

✈ P124

［最寄り駅］Lancaster Gate

［住所］Lancaster Terrace, London　W2 2TY

［URL］http://www.lancasterlondon.com/

制服・衣装ブックス
ロンドンのホテルマンの制服
2011年10月11日　初版発行

執筆・撮影　　横山明美
編集　　　　　石井理恵子／新紀元社編集部
デザイン　　　倉林愛子
イラスト　　　松本里美

Special Thanks （敬称略）
Rick Fink ／ Lin Butler ／ Colin Gaunt
Jeannie McArthur-Koga ／ Chika Watanabe
Kieran Meeke ／ Cristina Macaraig

発行者　　藤原健二
発行所　　株式会社新紀元社
　　　　　〒101-0054
　　　　　東京都千代田区神田錦町3-19 楠本第3ビル4F
　　　　　TEL：03-3291-0961
　　　　　FAX：03-3291-0963
　　　　　http://www.shinkigensha.co.jp/
　　　　　郵便振替　00110-4-27618

製版　　　　株式会社明昌堂
印刷・製本　株式会社リーブルテック

ISBN978-4-7753-0934-6
©Akemi YOKOYAMA 2011, Printed in Japan

乱丁・落丁本はお取り替えいたします。
定価はカバーに表示してあります。